DER JUNGE
Bergmann
DER SAARGRUBEN
Förderschacht in Luisenthal
DAVYSCHACHT II

Gregor Zewe

Bergbau im Saarland

55 Meilensteine der Geschichte

Erstaunliches, Imposantes und Kurioses aus drei Jahrhunderten

SUTTON

Inhalt

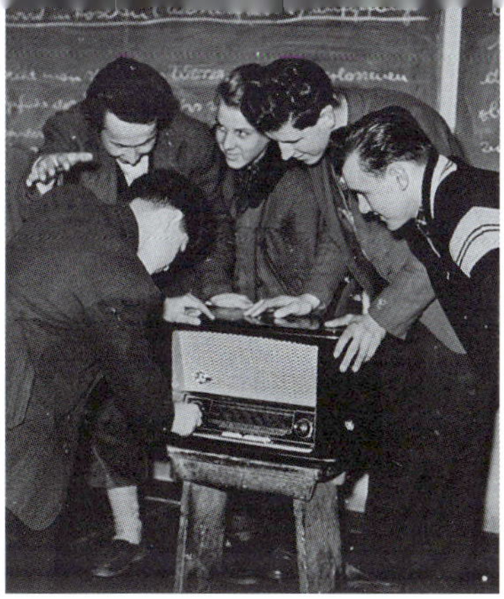

Einleitung

Das Saarland in seiner heutigen Form gäbe es ohne den Saarbergbau nicht. Über 260 Jahre prägte die Gewinnung des schwarzen Goldes Land und Leute. Der emotionale Schlusspunkt mit Festakt und Mettenschicht am 30. Juni 2012 auf Duhamel liegt nun schon über zehn Jahre zurück. Dennoch besitzt der Bergbau weiterhin seinen festen Platz in der regionalen Historie der Dörfer und Städte und vor allem in den Herzen vieler Menschen. Woran liegt das?

Es ist wohl nicht nur die Wirtschaft und Gesellschaft durchdringende Dominanz einer Branche, die Einfluss und Strukturen schuf und über Generationen festigte. Montanfürst Wilhelm Heinrich von Nassau-Saarbrücken verstaatlichte die Bauerngruben 1751 und setzte damit einen Prozess in Gang, der bis heute, in der sogenannten Nachbergbau-Ära, tiefe Spuren hinterlässt. Die Saarkohle im Revier an der Grenze war im eigentlichen Wortsinn „heiß“ begehrt, Deutsche wie Franzosen stritten Jahrhunderte um ihren Zugriff. Mittendrin die Bergleute und ihre Familien. Sie wurden lange Zeit als wertvolle Arbeitskräfte mit ihrem Spezialwissen gebraucht und umworben von den Profiteuren des Bodenschatzes. In Kriegs- wie in Friedenszeiten. Vermutlich ist es diese alle Krisen überstehende Konstanz des Arbeitgebers Bergbau im Alltag vieler Saarländerinnen und Saarländer, die tiefen Einfluss auf ihre Vita nahm und sich bis heute auf vielen Ebenen abbildet.

Wer „uff die Grub“ ging, musste hart arbeiten und dabei lange Zeit sein Leben aufs Spiel setzen. Ein komplexes, pulsierendes soziales Netzwerk, ähnlich dem der Stahlwerker in den Hütten, durchdrang dann aber auch fast alle Lebensbereiche des Bergmanns. Zumeist recht gut bezahlt und abgesichert konnte er sich ein kleines Häuschen leisten, ständischen Vereinen angehören, bergmännisches Brauchtum pflegen. Mit Fleiß und Loyalität gegenüber seinem Arbeitgeber ermöglichten weiterführende Schulen den Aufstieg. In der Freizeit banden ihn Hobbys wie die Taubenzucht oder das Sammeln von Grubenlampen, Sport und Kunst, Musik und Gesang, auch die Knappenvereine und die Kirche mit der Verehrung der Schutzheiligen Barbara umfassend an seinen Beruf. Der Bergbau ließ ihn nicht mehr los – von der Einstellungsfeier bis zur Beerdigung. Die sozialen Einflüsse waren so ungemein vielfältig und ihre Ergebnisse facettenreich.

Dieses Buch zeichnet 55 Meilensteine des Saarbergbaus auf und erhebt keinen Anspruch auf Vollständigkeit. Viele der geschilderten Charakteristika aus dem Saarland besitzen ein Alleinstellungsmerkmal. Sicherlich ließe sich die Liste noch verlängern. Gleichwohl will das Buch wie meine beiden weiteren Publikationen „Der Saarbergbau“ (2019) und „Saarbrückens heimliche Königin“ (2020) diese Besonderheiten weitertragen. Die Zeitzeugen werden immer weniger, und so ist es wichtiger denn je, in dieser kurzweiligen Form an die bedeutende Rolle des Saarbergbaus zu erinnern.

Zugleich möchte ich junge Saarländerinnen und Saarländer dazu ermutigen, in ihrer eigenen Familie auf Spurensuche zu gehen. Ich danke meinem Vater Alfons

Bergleute unter Tage in den 1990er-Jahren.

Zewe, von ihm erfuhr ich viele Geschichten aus dem Leben meines Urgroßvaters Johann Zewe und meines Großvaters August Zewe. Beide waren im Bergbau tätig. Urgroßvater Johann aus Stennweiler (1868–1949), Vater von sieben Kindern, arbeitete als Bergmann auf der Grube Reden. Er überlebte das Grubenunglück 1907 mit 150 Toten und trug schwere Verbrennungen davon. Sein Sohn, mein Großvater August Zewe (1897–1973), fuhr in jungen Jahren auf der Grube Itzenplitz an und koordinierte später als kaufmännischer Angestellter der Behörde die Kohlelieferungen an verschiedene Betriebe.

Mein Dank gilt meiner Familie für Geduld und Verständnis, meinem Arbeitgeber für die Verwendung der Fotos aus dem RAG-Archiv Saar in Ensdorf und den vielen fleißigen Bergleuten, die ich im Lauf meiner beruflichen Tätigkeit als Betriebsjournalist kennenlernen durfte.

Viel Freude bei der Lektüre!

Mit herzlichem Glückauf
Gregor Zewe

1 Am Anfang stand ein Schweinehirt

Die Sage von den schwarzen Diamanten

Wer entdeckte eigentlich den Bodenschatz, der das kleine Saarland so groß machte? Grabfunde in Rubenheim aus schnitzbarer Kännelkohle verweisen auf den keltischen Bergbau sechs Jahrhunderte vor Christus im Flöz Tauentzien bei Neunkirchen-Heinitz. Romantischer ist aber die Sage von den schwarzen Diamanten.

Die Geschichte findet sich im „Saarbrücker Bergmannskalender" und in saarländischen Lesebüchern der Nachkriegszeit. Elisabeth Kirch hat sie festgehalten. Hier eine Kurzfassung ihrer ursprünglichen Version von 1940 aus dem Sulzbachtal.

„Ein armer Hirte trieb Tag für Tag die Schweine zur Mast in den Wald, durch den heute der Sulzbach fließt. Es wurde schon Herbst. Der Hirt war der Meinung, die Schweine hätten es besser als er. Sie fraßen sich fett, grunzten vergnügt und mussten sich nicht schinden. Sie wussten auch nichts vom Schwarzen Herzog, dem Teufel aus Zweibrücken, der mit seinen wilden Gesellen das Land plünderte und ausraubte. Der Hirte hatte große Angst vor ihm, erschrak bei jedem Knacken eines Zweiges und ließ die Schweine nicht aus den Augen. Außer dem Schwarzen Herzog gab es einen weiteren Feind, den Nebel. Er saß dem Hirten wie eine feuchte Schlange im Genick und kroch ihm unter Kittel und Hose. Da die Sonne nicht herauskam, suchte er nach einem Plätzchen für ein Feuer. Da sah er, wie ein Schwein eine Grube scharrte und dachte, die Stelle sei ihm für sein Feuer gerade recht. Als er näher kam, wühlte das Schwein einen glänzenden Stein aus der Erde, schwarz und so groß wie ein Kopf. Der Hirt machte sich keine weiteren Gedanken darüber, trug Reisig zusammen, nahm Holz und legte ein Feuer an. Behagliche Wärme machte sich breit, er schlief ein und träumte, die schwarzen Steine würden zu Gold. Als er aufwachte, war das Holz verschwunden, aber das Feuer brannte weiter. Er suchte aus Übermut weitere Steine am Rand der Grube und warf sie hinein. Das Feuer lag auf einmal wie tot da, dann brannte es lichterloh, bis nichts mehr übrig blieb als graue Asche.

Der Hirt trieb seine Herde wieder ins Dorf und erzählte niemandem davon. Am nächsten Tag nahm er Hacke und Schaufel mit, fing an zu graben und trug einen Haufen Steine zusammen. Wieder machte er Feuer und es war noch wärmer als zuvor. Er fiel erneut in den Schlaf. Da hörte er plötzlich die Gesellen des Schwarzen Herzogs. Er nahm einen der Steine, fuhr sich damit über Gesicht und Hände und stieß grässliche Laute aus. Die Räuber glaubten, der Hirte sei der Leibhaftige und machten sich davon. Sein fettestes Schwein aber hatten sie mitgenommen. Er wusste nicht aus noch ein. Da er kein Geld hatte, ein anderes zu kaufen, machte sich der Schweinehirt mit den schwarzen Steinen im Sack auf den dreistündigen Weg zum Burggrafen.

In Elisabeth Kirschs Lesebuch „Eines Tages – Geschichten und Sagen" von 1962 wurden „Die schwarzen Diamanten" liebevoll illustriert. Die Zeichnung stammt von W. Griesang.

Zuerst wollte man dem fremden Gesellen mit dem verrußten Gesicht und der schmutzigen Jacke keinen Einlass gewähren. Der Hirte meinte geheimnisvoll: ‚In diesem Sack sind die wertvollsten Steine der Welt.' Die wolle er dem Grafen zu Füßen legen. So ließ man ihn passieren. Der Graf empfing den Hirten, ließ sich den Inhalt des Sacks zeigen und lachte ihn aus. ‚Statt Diamanten bringst du mir rußige Steine, die zu nichts nutze sind.' Er drohte ihm mit dem Turm. Da erzählte der Hirte von seinem Traum. In seiner Not warf er einen Stein ins Feuer. Da sah der Graf, dass er brannte. Tausend Gulden verlangte der Hirte für seine wertvolle Fracht. ‚Tausend Stockschläge meint Ihr', rief der Graf erbost und ließ ihn binden. Zudem wollte er wissen, wo die Steine lägen. Für tausend Gulden würde er ihm den Weg zeigen, versprach der listige Hirte und führte ihn mit den Räten zum Wald. Im ganzen Umkreis wurden weitere Steine gefunden. Man nannte sie Kohle.

Der kluge Graf gab dem Hirten die tausend Gulden und ließ forthin alle Bauern in seinem Bann nach den Steinen graben. So wurde er ein reicher Mann. Noch heute werden im Tal des Sulzbachs und weithin im Land Kohlen gegraben. Sie werden schwarze Diamanten genannt. Ihnen verdankt das Land seinen Reichtum und seinen Ruhm."

2 Saarlands größte Heilige gibt es doppelt

Die Barbara-Statuen von Lothar Meßner

Sehr eindrucksvoll ist diese Steinskulptur der heiligen Barbara. Und es gibt sie gleich zweimal: In Bexbach und Luisenthal. Mit einer Höhe von sieben Metern dürfte es sich um die größten Barbara-Darstellungen im Saarland handeln. Bildhauer Lothar Meßner (1926–2019) schuf sie. Aber wieso doppelt?

An den Abraum der ehemaligen Grube St. Barbara in Bexbach erinnert heute noch die begrünte Bergehalde. Auf dem Gipfelplateau mit einem Rundblick auf die Höcherberg-Region grüßt die imposante, mit Sockel acht Meter hohe Statue der Schutzpatronin der Bergleute. Eine Informationstafel aus Metall bietet Details zu ihrer Herkunft, auch ein Bittgebet an die heilige Barbara ist dort nachzulesen.

Ursprünglich befand sich die Arbeit des aus Wadgassen stammenden Künstlers Lothar Meßner auf dem Gelände der ehemaligen Grube und des früheren Kraftwerks. Sie wurde dort bereits 1955 aufgestellt. Mit dem Bau des neuen Kraftwerks Bexbach 1980 musste sie ihren Standort wechseln und wurde mit einem aufwendigen Schwertransport und tatkräftiger Unterstützung der Bundeswehr zur Bergehalde gebracht und dort befestigt.

Sieben Jahre nach der ersten Barbarastatue von Meßner trat man noch einmal an ihn heran. Als es am 7. Februar 1962 zum schlimmsten Grubenunglück des Saarbergbaus in Luisenthal kam, sollte eine Gedenkstätte in der Nähe der Grube die Erinnerung an die 299 Opfer wachhalten. Man entschied sich für eine Kopie des Bexbacher Originals der heiligen Barbara und beauftragte erneut diesen Bildhauer. Das zweite Standbild wurde im Rahmen des Ersten Europäischen Knappentreffens am 26. September 1965 – also zehn Jahre nach dem Original – enthüllt und eingeweiht. Hinter der Figur befindet sich zudem ein Mauerverband aus 299 Steinen. Am Jahrestag des Unglücks brennen darin Grablichter, es werden Ehrenkränze niedergelegt. Delegationen von Knappenvereinen, Vertreter der Stadt Völklingen und der RAG Aktiengesellschaft sowie Bergleute aus dem benachbarten Frankreich kommen dann ebenfalls zur Gedenkfeier nach Luisenthal. Sie wird organisiert vom örtlichen Bergmannsverein Glück auf Luisenthal, der sich anlässlich des Unglücks 1963 gründete und seither jedes Jahr an die Opfer der Katastrophe erinnert.

Lothar Meßners Werke im Saarland sind meist nicht zu übersehen. Zu seinen großen Plastiken zählen die Odiliensäule vor dem Dillinger „Saardom“, die Kirschweng-Figur vor der ehemaligen Prämonstratenser-Abtei in Wadgassen und das „Notkreuz“ in Saarlouis. Für sein Werk wurde er 1973 mit dem Weisberger-Preis der Stadt St. Ingbert ausgezeichnet.

„Gute Kunst hat Anspruch, Maßgefühl, Expression und Individualität. Sie fällt auf, schafft sich manchmal auch Feinde“, erklärte der bescheidene

Mahnmale von zeitloser Ästhetik – die beiden Barbara-Statuen von Lothar Meßner am ersten Standort 1955 an der Grube St. Barbara Bexbach und der „Zwilling“ von 1965 in Luisenthal.

Künstler 2016 in einem Interview mit der „Saarbrücker Zeitung“. Von seinen eigenen Werken findet er den „Arcus Triplex“, den dreifachen Bogen in Dillingen-Pachten, besonders gelungen. Die sechseinhalb Meter lange Plastik setzt sich aus zwei dynamisch geschwungenen Stahlträgern, die einen Bogen bilden, und zwei weiteren, kleinen Bögen zusammen. Sie symbolisieren die Beziehung zwischen der Stadt und ihrem ältesten Stadtteil sowie die Verbindung zwischen Vergangenheit und Moderne. Die Plastik war Meßners Beitrag zum Stahlsymposium 1990 anlässlich der 2000-Jahr-Feier der Stadt Dillingen.

Den Barbarafiguren Meßners begegnet heute noch große Wertschätzung. 2021 wurde die Statue in Bexbach mit einer Spezialfarbe wieder aufbereitet und damit als Ziel eines neu konzipierten Bergbaupfades in Szene gesetzt. Der „Zwilling“ dazu, Meßners Barbarafigur in Luisenthal, soll im Rahmen der Folgenutzung des Grubengeländes als Ort des Gedenkens neue Aufwertung erfahren. Seine Statuen in Bexbach und Luisenthal beeindrucken auch nach fast 70 Jahren immer noch mit ihrer modernen Formensprache. Lothar Meßner verstarb 2019 im hohen Alter von 93 Jahren in seiner Heimatgemeinde Wadgassen.

3 Rares Relikt und schmuckes Trauzimmer
Das Pumpenhaus im Itzenplitzer Weiher

Ein beliebtes Ausflugsziel ist seit Jahrzehnten der Itzenplitzer Weiher in Heiligenwald. Spaziergänger, Wanderer, Schwimmer und Radfahrer schätzen die idyllische Oase im Saarkohlewald. Unübersehbar ist das kleine Pumpenhaus im Uferbereich mit den halbrunden Fenstern und der vergoldeten Dachspitze. Es entstand 1908 und ist einzigartig in Deutschland.

Am 7. August 1860 war bereits die 1,9 Kilometer lange Eisenbahntrasse Reden–Itzenplitz angelegt worden. Sie verband das an der Sulzbachbahn liegende, 1846 angehauene Bergwerk Reden mit der Nebenanlage Itzenplitz, die 1857 folgte. Ihr ungewöhnlicher Namen geht zurück auf den Grafen Heinrich August von Itzenplitz (1799–1883), seinerzeit preußischer Handelsminister und Leiter des Berg-, Hütten- und Salinenwesens. Zur Einweihung reiste Graf von Itzenplitz höchstpersönlich an.

Der Bau der erwähnten Kohletransportbahn war nur möglich mit einem Damm durch das Klinkenbach- und Kallenbachtal. Dahinter entstand 1878/79 bereits ein Teich mit einem ersten Pumpwerk. Denn das bisher genutzte Wasser der Maibrunner Quellen für die beiden Dampfkesselanlagen konnte den Bedarf nicht mehr decken. So wurde aus dem Bahndamm ein kleiner Staudamm. Der Itzenplitzer Weiher nahm nicht nur die Wässer der beiden Bäche auf und versorgte damit die Dampfmaschinen sowie die Gruben Reden und Itzenplitz. Auch die gehobenen Grubenwässer von unter Tage liefen in diesen Weiher, der übrigens auch Rußhütter Weiher genannt wird. Namensgeber war die bereits 1850 stillgelegte Rußhütte. Ursprünglich ging sie zurück auf die Herren von Kerpen (Illingen) und wurde dann preußischer Staatsbesitz.

1908 baute man schließlich das heutige Pumpenhaus. Rundum laufen große Fenster und ein Umgang mit Geländer. Ein Steg verbindet den Bau aus ehemals rotem Sandstein mit dem Ufer. Die leistungsstarken elektrischen Pumpmaschinen im weißverputzten Innenraum sind leider nicht mehr vorhanden. Die Tür stammt jedoch noch aus der Erbauungszeit. Das ungewöhnliche Gebäude mit dem achtseitigen Schieferdach ist einzigartig in Deutschland und wurde in den letzten Jahren vom „Förderverein Historische Grubenanlage Itzenplitz“ mit Unterstützung von Sponsoren aufwendig saniert. Auch die neue Uferbefestigung und die Aussichtsplattform, gefördert von der RAG-Stiftung, werten den Standort auf. Inzwischen dient das Pumpenhaus sogar als Trauzimmer.

In den 30er-Jahren gab es in der Nähe der „Insel“ auf Initiative eines Schwimmvereins sogar eine Badeanstalt, die sich großer Beliebtheit erfreute. An heißen Sommertagen glich der Badebetrieb wahren Volksfesten. Ein Grammophon spielte, man schwamm oder sonnte sich, Kähne fuhren über den Weiher. Eine echte Gaudi! Die Reichsknappschaft übernahm damals „im Interesse einer verstärkten Gesund-

Das Pumpenhaus am Itzenplitzer Weiher in den 1960er-Jahren und heute (hier mit dem Vater des Autors, Alfons Zewe).

heits-Fürsorge im Bergbau“ den Eintritt für alle Bergleute und ihre Familien.

Nach dem Zweiten Weltkrieg war das Baden verboten, heute wird es auf eigene Gefahr geduldet. Wagemutige erklimmen wie eh und je die Geländer des „Türmsche“, wie es in der Region nur heißt, und springen von dort wieder ins Wasser. Der Angelsportverein (ASV) Heiligenwald hat ein waches Auge auf den Itzenplitzer Weiher und seinen reichen Fischbestand. Das Vereinslogo des ASV zeigt das historische Pumpenhaus. Im Uferbereich laden mehrere Gastronomiebetriebe zum Verweilen ein. Sehenswert sind auch die 1857 erbauten Itzenplitzer Schächte in unmittelbarer Nähe des Weihers. Im Jahr 2000 konzipierte die Gemeinde die ersten „Schiffweiler Bergbauwege“, die inzwischen um weitere attraktive Touren für Radfahrer und Fußgänger des Naherholungsgebietes ergänzt wurden. Sie führen auch zum benachbarten „Erlebnisort Reden“ mit Wassergärten, Bergehalden und dem Urzeitpark Gondwana. Die Open Airs mit Stars der Schlager- und Popszene locken Tausende an.

4 Bergbau-Motive in Kirchen und Gebäuden
Tausende Glasgemälde an der Saar

Ein weithin unbekanntes Phänomen sind die Glasmalereien im Saarland. Dieses Kulturvermögen ist immens. Nach einer aktuellen Studie besitzt das Saarland unter den Bundesländern die meisten Kirchen im Verhältnis zur Einwohnerzahl, die höchste Dichte von Kunstverglasungen und den jüngsten Bestand. Nirgendwo gibt es mehr Darstellungen der heiligen Barbara.

Das bekannteste bergbauliche Glasgemälde im Saarland ist das Triptychon in der Königlich Preußischen Bergwerksdirektion Saarbrücken, der heutigen Europa-Galerie. Der Elversberger Künstler Ferdinand Selgrad gewann damit 1964 einen Kunstwettbewerb, den der Vorstand der Saarbergwerke AG ausgeschrieben hatte. Noch unter dem Eindruck des Grubenunglücks von Luisenthal 1962 mit 299 Opfern sollten die eher dekorativen Fenster im Treppenhaus mit neuen Motiven an „alle Toten des Saarbergbaus" erinnern. Selgrad zitiert Bergknappen in Uniform sowie die heilige Barbara mit Kindern. Im Mittelpunkt steht eine Mutter mit ihrem verstorbenen Sohn, einem Bergmann, in den Armen – gleich einer christlichen Pieta. Selgrad hatte eine ähnliche Szene mit Maria und Jesus bereits vier Jahre zuvor in der Kirche Zur Heiligen Rosenkranzkönigin in Merchweiler geschaffen.

Von 2004 bis 2021 erfasste die Forschungsstelle Glasmalerei des 20. Jahrhunderts e.V. unter der Leitung von Dr. Annette Jansen-Winkeln solche Werke in Nordrhein-Westfalen, Limburg (Niederlande), Luxemburg, der Pfalz und dem Saarland. Sage und schreibe 150.000 Glasmalereien in 10.000 Gebäuden wurden dabei dokumentiert. Das Saarland fiel gleich mit mehreren Superlativen auf. Als Bundesland mit den relativ meisten Kirchengebäuden gibt es dort auch die meisten gestalteten Fenster. So finden sich allein in der katholischen Kirche Allerheiligen in Sulzbach 50 (!) Glasgemälde. Zudem ist das Saarland das Land mit dem jüngsten Bestand an Glasbildern. Die meisten Kunstverglasungen – über 70 Prozent – entstanden erst nach 1945. Der Boom hielt an bis 1960.

Die Bilder sind Zeugen ihrer Zeit, der Bergbau mit seinem gefahrvollen Alltag wird häufig interpretiert. In den meist katholischen Kirchen einer Bergbaukommune finden sich viele Darstellungen der heiligen Barbara. Nirgendwo tritt die Schutzpatronin häufiger auf als in Kirchenfenstern an der Saar, stellte die Studie fest. Oft bittet ein verunglückter Bergmann zu Füßen der Heiligen um Beistand in der Not. Dieses Motiv fand sich zudem auf Fahnen von Sterbevereinen.

Der bereits erwähnte Ferdinand Selgrad (1927–2022) war überaus vielseitig als Kunstlehrer und Buchillustrator, Wandmaler, Aquarell- und Ölmaler, sogar Mosaikkünstler tätig. Er entwarf sehr viele farbenfrohe und ausdrucksstarke Arbeiten für Sakral- und Profanbauten. Darüber hinaus gibt es etliche weitere Künstler, die im Saarland geboren sind oder dort

Ein verunglückter Bergmann sucht Hilfe bei der Schutzheiligen Barbara – Glasgemälde in der katholischen Kirche Maria Himmelfahrt in Quierschied.

als Glasmaler tätig wurden wie Marianne Aatz, Peter Gitzinger, Boris Kleint, Wilhelm-Alois Kurz, György Lehoczky oder Josef Nikolaus Schmitt. „Ihre Werke entstanden in den französisch beeinflussten Betonkirchen der Nachkriegszeit, die mit ihren ungewöhnlich hohen, schlanken Türmen den Wettbewerb mit den Fördertürmen des Bergbaus suchten", erläuterte Dr. Jansen-Winkeln 2021 im Magazin „Forum". Die Menge der modernen Glasmalereien in Verwaltungsgebäuden und Privathäusern des Saarlandes sei „europäisch herausragend".

Die Kunsthistorikerin verbindet mit dem überraschenden Ergebnis ihrer Forschungsarbeiten auch einen Auftrag. „Der Schatz der Glasmalerei im Saarland ist derartig immens, dass es noch viele Jahre der Aufarbeitung und neuer Entdeckungen bedarf. Zu hoffen ist, dass alle Werke – sind sie doch wegen ihrer Zerbrechlichkeit ständig in ihrer Existenz bedroht – erhalten bleiben als geschichtliche Zeugnisse und zur Freude der Betrachter", so die Wissenschaftlerin. Dass Glasmalereien auch in der breiten Öffentlichkeit auf großes Interesse stoßen, beweisen die aktuellen Arbeiten von Gerhard Richter und Mahbuba Maqsoodi, die 2020 in der Abteikirche Tholey erstmals gezeigt wurden und weltweit Aufsehen erregten. Nun gilt es, den Schatz der Nachkriegszeit zu entdecken und zu sichern.

5 Lustige Geschichten rund um den Bergbau
Bergmannsschnurren zum Schmunzeln

Über 260 Jahre sind Hunderttausende von Bergleuten an der Saar eingefahren oder haben ihren Dienst über Tage verrichtet. Dabei trug sich trotz des harten Jobs allerlei Lustiges zu, was von Generation zu Generation weitererzählt wurde. Das sind die Bergmannsschnurren, über die man heute noch lacht. Hier drei Beispiele.

In einem Großbetrieb wie einem Bergwerk kann es schon einmal zu leichten Defiziten im Informationsfluss kommen … Der Bergwerksdirektor sagt zum Leiter der Grube: „Morgen um 9 Uhr findet eine Sonnenfinsternis statt. Also etwas, was man nicht alle Tage sehen kann. Lassen Sie die Belegschaft des Übertagebetriebes im Ausgehanzug antreten. Bei der Beobachtung dieses seltenen Ereignisses werde ich selbst die Erläuterungen geben. Wenn es regnet, werden wir das nicht gut sehen können. Die Belegschaft begibt sich dann in die Kaffeeküche."

Der Leiter der Grube wendet sich an den Betriebsdirektor für Personal- und Sozialfragen: „Auf Anweisung des Bergwerksdirektors findet morgen um 9 Uhr eine Sonnenfinsternis statt. Wenn es regnet, werden wir das im Ausgehanzug auf dem Betriebsgelände nicht gut sehen können. In diesem Fall führen wir das Verschwinden der Sonne in der Kaffeeküche durch. Also etwas, das man nicht alle Tage sehen kann."

Der Betriebsdirektor für Personal- und Sozialfragen informiert den Leiter des Übertagebetriebes: „Auf Anweisung des Bergwerksdirektors wird morgen um 9 Uhr im Ausgehanzug das Verschwinden der Sonne in der Kaffeeküche durchgeführt. Der Bergwerksdirektor gibt Anweisung, ob es regnen soll. Also etwas, das man nicht alle Tage sehen kann."

Der Leiter des Übertagebetriebes lässt den Abteilungssteiger rufen: „Wenn es morgen in der Kaffeeküche regnet, also etwas, was man nicht alle Tage sehen kann, verschwindet um 9 Uhr unser Bergwerksdirektor im Ausgehanzug."

Der Abteilungssteiger wendet sich an die Belegschaft: „Morgen, um 9 Uhr, soll unser Bergwerksdirektor verschwinden. Schade, dass man das nicht alle Tage zu sehen bekommt."

Amüsant sind auch die „Überlieferungen" zu Auftritten der Bergkapelle. Auf einer Gastspielreise der Heinitzer Bergkapelle nach Kaiserslautern besorgten sich einige Musiker – es sollen Holzbläser gewesen sein – auf Schleichwegen Alkohol. Die anderen standen ihnen in nichts nach, sodass sich die Kapelle in recht gehobener Stimmung befand, als das Konzert begann. Das Publikum und insbesondere der Kapellmeister sollen über die Darbietungen sehr erstaunt gewesen sein. Die Trompete habe Töne wiedergegeben, wie man sie nie von ihr vermutet hätte. Die Posaune habe gegellt wie die Posaune des Jüngsten Gerichts und die Klarinetten und Oboen hätten geradezu gemeckert … Trotz der ener-

In den Pausen erzählen Bergleute gerne von echten Originalen, die auf den Gruben für Gelächter sorgten oder besonders pfiffig waren; hier eine Aufnahme von 1962.

gischen Haltung des Kapellmeisters soll der „Einzug der Gäste“ gar nicht im Sinne Richard Wagners gespielt worden sein und bei der Ouvertüre zu Rossinis „Diebischer Elster“ hätten sämtliche Stimmen der Holzbläser gefehlt, weil diese sich vorsorglich aus dem Staub gemacht hätten. Die trinkfesten Kaiserslauterer brachten aber den durstigen Musikern vollstes Verständnis entgegen und begnügten sich mit Tanzmusik, die ihnen im Übrigen eher zugesagt haben soll.

Der August von der Münchwies war ein äußerst tüchtiger Bergmann, aber er musste seinen Priem bei der Arbeit haben, sonst „flutschte“ es nicht und er war dann nicht zu genießen. Auf ihn traf das in den Jahren der Knappheit gebildete saarländische Wort zu, das besorgte Mütter ihren Kindern zu sagen pflegten: „Ihr Kinner bete, eier Vadder sitzt em Querschlag on hat kä Tuwak!“ Aber August hatte immer Tabak, auch in den schlechtesten Zeiten zum Erstaunen seiner Kameraden. Täglich, wenn er nach Hause kam, klagte ihm seine Frau, dass die Hühner nicht mehr legen würden. August zuckte nur mit den Schultern und gab keine Antwort. Als sie ihm wieder einmal vorjammerte, dass sie keine Erklärung finde, warum die Hühner nicht legten, sie füttere sie doch so gut, da meinte er ganz trocken: „Besorsch du mir Tuwak, dann leje a die Hinkle widder.“ August hatte heimlich die Eier gegen Tabak getauscht.

6 Ältester deutscher Gewerkschaftsbau
Der Rechtsschutzsaal in Bildstock

Der Rechtsschutzsaal in Bildstock vermittelt mit seinen hübschen roten Klinkern einen eher beschaulichen Eindruck. Doch das „Haus der Solidarität" sorgte einst im Deutschen Reich für Aufsehen. Es gilt als Wiege der Arbeiterbewegung an der Saar und ältestes Haus einer Arbeiterorganisation in Deutschland.

Wir befinden uns am Ende des 19. Jahrhunderts. Bisher war es an der Saar kaum zu Streiks gekommen. Der preußische Wohlfahrtstaat befriedete die Bergleute mit Prämienhäusern, Konsumvereinen, Haushaltsschulen und Kindergärten. Doch die Arbeiter wurden ungeduldig. Zwölf und mehr Stunden täglich mussten sie schuften. Die Löhne waren so gering, dass sie und ihre großen Familien oft nur die Arbeit auf dem Feld über Wasser hielt.

Anfang 1889 fanden etwa 3.000 Bergleute zum gemeinsamen Kampf zusammen. Die „Bildstocker Forderungen" führten im Mai 1889 zu einem ersten größeren Streik. Im Mittelpunkt: die achtstündige Arbeitszeit, höhere Löhne und Schutz vor Willkür. Aber weder die preußische Bergverwaltung in ihrer Direktion in Saarbrücken noch Kaiser Wilhelm II. zeigten sich verhandlungsbereit. Der Streik verpuffte.

Daraus lernten die Streikführer. Sie benötigten eine feste Organisation und riefen deshalb die Saarbergleute schon wenige Monate später zur Gründung des „Rechtsschutzvereins für die bergmännische Bevölkerung des Oberbergamtsbezirks Bonn" zusammen. Ein großer Erfolg: Bis zu 24.000 der 25.000 Bergleute traten bei. Bergmann Nikolaus Warken, den sie alle nur „Eckstein" nannten, übernahm den Vorsitz. Er war bereits entlassen worden, bekam nun aber von der Gewerkschaft ein Salär von 120 Mark. Die Behörden behinderten öffentliche Versammlungen. So plante man den Bau eines eigenen, zweigeschossigen Vereinshauses. Jedes Mitglied gab eine Mark und zwei Backsteine. Baubeginn war 1891, Einweihung 1892. Im Erdgeschoss fanden 1.000 Personen Platz. Bekannte Arbeiterführer wie August Bebel oder Wilhelm Liebknecht hielten Vorträge. Im Keller arbeitete ab 1892 eine eigene Druckerei für das Vereinsorgan „Schlägel und Eisen". Das war die Geburtsstunde der gewerkschaftlichen Presse. Doch der Konflikt eskalierte.

Als sich im Dezember 1892 mehr als 25.000 Demonstranten im Ausstand befanden, entließ der preußische Bergfiskus viele Bergleute auf Zeit oder dauerhaft. Im Januar 1893 streikten nur noch 3.000 Mann. Die Bewegung fiel in sich zusammen: Im Juni erschien das letzte Verbandsblatt mit Trauerrand, im Juli wurde der Verein aufgelöst. Der Rechtsschutzsaal musste zur Begleichung der Schulden an eine Neunkircher Brauerei verkauft werden. Wie ein schlechter Witz mutet es an, dass danach ausgerechnet die Grubenverwaltung das Gebäude kaufte. Das Haus, das den „Geist der Rebellion

Rechtsschutzsaal – die roten Backsteine sind charakteristisch für das älteste deutsche Gewerkschaftsgebäude von 1892.

gegen eben diese Mächtigen noch atmete und die Kraft der Solidarität symbolisierte“, wie es Historiker Reinhard Klimmt 2012 treffend umschrieb, diente fortan als Haushaltsschule für Bergmannstöchter, als Abendschule, Kindergarten und Wohnraum. Seit 1990 bemüht sich die „Stiftung Rechtsschutzsaal“ um den Erhalt. Das nationale Denkmal wurde saniert und dient heute als Gedenk- und Informationsstätte für die saarländische Sozialgeschichte und Arbeiterkultur. Eine Tafel erinnert an den selbstlosen Einsatz von Nikolaus Warken.

7 Treu wie Gold
Anerkennung für Jubilare

Wer 25, 30, 40 oder gar 50 Jahre im Bergbau gearbeitet hat, verdient Respekt. In allen Epochen des Saarbergbaus wussten das die Betreiber der Gruben. Taschenuhren, Frack-, später auch Armbanduhren überreichte man bei festlichen Jubilarehrungen. Das Ritual unterstrich: Wir schätzen Sie als verdienten Bergmann.

Kaum ein Bergmann wäre im 20. Jahrhundert darauf gekommen, seine geliebte Jubiläumsuhr im Alltag zu tragen oder gar zu verkaufen. Aber nein, das gute Stück wurde in Ehren gehalten. Nur zu besonderen Anlässen hervorgeholt. Dem Sohn vermacht. Die Uhr war auch ein Erkennungszeichen unter altgedienten Bergleuten. Heute ist das anders. Kürzlich fragte ein junger Mann online in einem Uhrenforum, was es denn mit dieser „Vintage-Armbanduhr" seines Vaters und der Gravur der Saarbergwerke auf sich habe. Das Echo war groß.

Die Inschrift auf den Uhren variierte selten. „Für treue Dienste", heißt es da zumeist kurz und knapp. Die Jubilarfeiern fanden oft am 4. Dezember statt, dem Barbaratag – für die Bergleute im Saarland der höchste Feiertag, der sogar in der Landesverfassung verankert ist. Am Vormittag ging es deshalb zuerst mit den Knappen in die Kirche. Der Vorstandsvorsitzende, später auch der Personaldirektor und der Betriebsratsvorsitzende erinnerten die Jubilare und ihre Lebenspartnerinnen bei der Feier im Anschluss an die Höhepunkte der Unternehmensgeschichte. „Sie waren dabei, haben zum Erfolg beigetragen, alle Krisen überstanden", lautete dann das Fazit, bekräftigt mit einem Handschlag, einer Urkunde, dem Steigerlied und dem obligatorischen Schnaps. Ein leckeres Büffet und Tanzmusik ließen den Abend ausklingen.

Bei den Ehrengaben hatten die Jubilare die Wahl zwischen einer Frack- und einer Taschenuhr. Später kamen dann auch Armbanduhren, Tischuhren oder Bergbau-Skulpturen dazu. Die Frackuhr war schmäler und kleiner, getragen mit einer Kette am Revers des Sakkos. Die Taschenuhr für die Hosentasche oder Weste, an der Saar „Sackuhr" genannt, war größer. Sie verbarg hinter dem Sprungdeckel die Anerkennung des preußischen Bergfiskus, der Domanialzeit, der Nationalsozialisten, der Régie des Mines oder der Saarbergwerke AG. Junghans, Unic, LIP, Parsa, Favor waren hier die bekanntesten Hersteller. Es gab Uhren in Silber, Gold oder Roségold. Der Bergbau ließ sich nicht lumpen, setzte Jahrzehnte auf Eleganz und Qualität. Auch bei den Armbanduhren. Zumeist mit Handaufzug oder als Automatic. Mit Leder- oder Flexband. Hier finden wir in der Nachkriegszeit Ultra (Frankreich), Zenith (Schweiz), Exquisit und vor allem Junghans (beide Deutschland), in den frühen 70ern mit der innovativen „Junghans electronic". Die Unruhe wurde von einer Knopfzelle angetrieben. Die späteren Quarzwerke (Porta u.a., ab 1980) waren da zwar präziser, aber nicht so

Drei Taschenuhren als Ehrengaben verschiedener Epochen (v.l.): eine Unic (Domanialzeit 1929), eine LIP (Régie des Mines de la Sarre 1949) und eine Parsa (Saarbergwerke 1988).

hochwertig. Zumal der Kostendruck wertvolle Präsente bei der Saarbergwerke AG, DSK und RAG verbot. Inzwischen wird den frühen Ehrengaben bei Sammlern wieder größere Aufmerksamkeit zuteil.

Die Kulturwissenschaft deutet das Ritual. Auf der Ebene der Interaktion und Partizipation (Jubilarfeier) wird die Vergangenheit in einer Gemeinschaft reaktiviert. Die Wir-Inszenierung besteht in der kollektiven Identität einer Gruppe (Bergleute) mit ihrem Selbstbild (Symbol: Ehrengabe Uhren). Und die Reflexion deutet die Geschichte neu unter den Eindrücken der Gegenwart (Festreden/Predigten).

Indem sie die Uhr in die Hand des Jungen legt, sagt sie ihm feierlich etwas, was Anton nie vergessen wird: eine Uhr sei Symbol für ein Herz, und mit des Vaters Uhr solle auch Vaters Herz zum Eigentum Antons werden … Das hat den Jungen die halbe Nacht nicht schlafen lassen und es lebt auch am Tage der Beisetzung in ihm. Immerzu hört er die Uhr in der Brusttasche schlagen. Oder ist es gar nicht die Uhr, sondern das Herz. Vielleicht pocht gar Vaters Herz, das nun ganz mit seinem eigenen Herz vereint ist?
(Auszug aus „Der Pferdejunge von Sohle 3“ von Walter Dach, Reutlingen 1940, S. 23 f.)

8 Starke Kumpel auf vier Beinen
Das letzte Grubenpferd arbeitete 1966

„Blinder Grubengaul" heißt ein bekanntes Gemälde des Malers Fritz Zolnhofer (1896–1965), dessen Vater Steiger war. Schon der Titel ordnet die sensiblen Vierbeiner ein. Nutztiere waren sie und ersetzten acht bis zehn erwachsene Schlepper – mit einem oft bedauernswerten Schicksal.

Das Pferd ist ein feinfühliges Fluchttier, das Herde und Weite liebt, sich aber auch rasch unterordnet. Vom Menschen wurde es daher früh als Zugtier vor Streitwagen, Pflüge, Planwagen gespannt", heißt es in Lexika. Pferde gab es aber auch im Tagebau, später unter Tage. Sie zogen Förderwagen oder wurden an Umladestellen eingesetzt. Hierzu eigneten sich in niedrigen Strecken die vor allem in England eingesetzten kleinen Ponys, für größere Aufgaben dienten kräftige, gutmütige Kaltblüter. Heute sieht man sie noch als stämmige Rückepferde in der naturnahen Waldwirtschaft.

An der Saar sind die ersten Pferde 1835 in der Grube Gerhard und 1842 im Ensdorfer Stollen verzeichnet. 1875 waren es im Königlichen Kohlerevier Saarbrücken bereits über 600, 1900 schon 1.400, nach der Jahrhundertwende 1904 sogar 1.660. Zuerst boten Verleihfirmen die Tiere an. Sie stellten Geschirr, Futter und Medikamente. Ohne Kontrolle gab es häufig Misshandlungen. 1911 betrug die Lebensdauer eines Grubenpferdes in den Revieren gerade einmal dreieinhalb Jahre. An der Saar lag jedoch schon ab 1893 die Pferdeförderung in den Händen der Gruben. So ging es den Tieren besser. Der „Saarbrücker Bergmannskalender" 1914 berichtet gar von einer „kleinen Pferdezüchterei der Berginspektion IV zu Dudweiler". Nach drei Jahren seien die Fohlen bereit für die Grube. Es gab Prämien für Unverletztheit und gutes Aussehen, Lohnabzüge bei Quälereien oder schlechter Pflege. Erst nahm man die Tiere zu Schichtbeginn noch mit und fuhr täglich mit ihnen aus – eine traumatische Prozedur mit Schlingen und Scheuklappen. Später richtete man Sammelställe für bis zu 30 Tiere unter Tage ein mit Frischluftzufuhr, elektrischem Licht und Wasserleitungen. Als Streu diente das Sägemehl des Grubenholzes. Das Futter bestand aus Hafer, Brot und Heu. Pfiffige Vierbeiner stibitzten ihrem Pferdeführer auch schon mal das Pausenbrot.

Erst Anfang des 20. Jahrhunderts regelten „Zehn Gebote zur Unfallverhütung für Pferdeführer" die Pferdeförderung. 1933 trat ein neues Tierschutzgesetz in Kraft, das aber während des Krieges wenig Beachtung fand. Krankheiten wie Druse, Rotz oder Koliken waren verbreitet. Obwohl Gummis und Lederkappen Ohren und Augen schützten, sorgten Drähte oder Nägel in der Dunkelheit für Verletzungen, auch an den Flanken. Die Hufe der Tiere litten unter der ständigen Feuchtigkeit. Wegen der Explosionsgefahr durch Methangas konnten die Pferde unter Tage nur kalt beschlagen werden.

Wann die letzten Grubenpferde im Saarland ausfuhren und ihr Gnadenbrot bekamen, ist nicht festgehalten. Es war

Pferdejungen kümmerten sich um die sensiblen Tiere. Misshandlungen wurden hart bestraft, Prämien für gepflegte Pferde ausgelobt. Hier eine Untertage-Szene von 1914 auf Dilsburg.

wohl kurz nach dem Zweiten Weltkrieg. Elektro- und Dieselloks, Kulibahnen und Seilgurtförderer ersetzten sie. Vom 9. bis 13. September 1966 half noch einmal ein Kaltblüter in der stillgelegten Grube Viktoria bei einem Sondereinsatz auf der 13. Sohle aus. In 700 Metern Teufe zog das brave Pferd wertvolle Kupferkabel durch den Querschlag. Eine Kopfleuchte vor der Brust verhinderte das Stolpern. Die Belegschaft kümmerte sich rührend um den Vierbeiner.

Dass Grubenpferde stets erblindeten, versuchte eine Dissertation der Tierärztin Pascale Lahner aus Nancy, veröffentlicht im „Saarbrücker Bergmannskalender", zu widerlegen. Loren zählen konnten die Tiere wohl nicht, wie manche Pferdeführer behaupteten. Auszuschließen ist aber nicht, dass sie ein feines Gespür für das Gewicht hatten, das sie täglich unter Tage zogen. Überschritten die Loren diese Grenze, blieben sie einfach stehen. Pferde nahmen früh Bewegungen im Berg wahr, wurden unruhig und retteten so manchem Bergmann das Leben. Gerade Pferdejungen, wie sie zu Kaisers Zeiten schon ab 12 Jahren einfuhren, entwickelten eine hohe Empathie für ihre Tiere. In etlichen Erzählungen von Zeitzeugen, Romanen und Filmen sind diese Freundschaften belegt.

9 Weltneuheit für eine Million Goldmark
Der Hammerkopfturm in Camphausen

Der berühmte Hammerkopfturm in Fischbach-Camphausen ist nicht nur der Methusalem unter den deutschen Fördertürmen, er war auch der weltweit erste Schachtturm in Stahlbeton. Die 1912 fertiggestellte Konstruktion ist seit 2016 ein „Wahrzeichen deutscher Ingenieurbaukunst".

Mit der Grube Camphausen (1871–1990), benannt nach dem preußischen Finanzminister Otto von Camphausen, verband man im Saarrevier lange Zeit hohe Förderleistungen, aber auch die Grubenunglücke von 1885 (180 Tote) und 1986 (sieben Opfer). In jüngerer Zeit rückte aber immer mehr der Förderturm Camphausen IV in den Vordergrund. Das weithin sichtbare, ungewöhnliche Bauwerk mit der charakteristischen Optik zählt nicht nur zu den unverwechselbaren Landmarken des Saarbergbaus, es ist ein nationales Denkmal. Camphausen verknüpft mit seiner prägnanten Silhouette auf dem Bergrücken die beiden großen Kohletäler im Saarkohlewald, das Sulzbach- und das Fischbachtal.

Camphausen IV ist mit inzwischen über hundert Jahren der älteste deutsche Förderturm und gilt als weltweit erste in eisenarmiertem Beton errichtete Turmförderanlage. Der steife, robuste Stahlbeton war damals ein neuer Baustoff, der über 40 Meter hohe Turm eine Innovation in der Fördertechnik. Aus Platzgründen wurde die elektrische Fördermaschine nämlich direkt über dem Schacht aufgestellt. Auch die erste Maschine der Allgemeinen Elektricitäts-Gesellschaft (AEG) Berlin war seinerzeit hochmodern und zeichnete sich durch erschütterungsarme Laufruhe aus. Später kam eine weitere dazu. Der heutige Maschinenbestand geht auf die Jahre 1936/1937 zurück.

Camphausen IV steht auf vier Stützpfeilern aus Eisenbeton, die sich elf Meter unter dem Gelände befinden. Erstaunlich ist sicherlich auch, dass für dieses epochale Bauwerk vom ersten Spatenstich 1908 bis zur Fertigstellung 1912 gerade einmal vier Jahre vergingen. Die reine Bauzeit betrug sogar nur zwei Jahre. Die Kosten des Doppelschachtes mit einem nutzbaren Durchmesser von 6,40 Metern beliefen sich auf rund eine Million Goldmark. Das entspricht heute etwa 9,86 Millionen Euro. Eine stolze Summe.

Den Turm erstellte die Düsseldorfer Firma Carl Brandt, Niederlassung Saarbrücken. Die Konstruktion in Form eines Hammerkopfs gab dem Turm seinen Namen. Sie besitzt vier Hauptstockwerke, die Konstruktionsteile sind von einer acht Zentimeter starken Eisenbeton-Außenhaut umschlossen. Im oberen, seitlich vorkragenden Stockwerk liegen rechts und links die beiden Maschinenräume. Der weitgehend symmetrisch aufgebaute, imposante Turm ist am Fuß von einer Schachthalle umbaut. Obwohl Technik und Funktionalität oberste Priorität besaßen, unterbrechen Lisenen, Gesimse und hohe Rechteckfenster den nüchternen Beton. Sie verleihen dem Förderturm die damals beliebte schlichte, klassizistische Ästhetik.

Der Hammerkopfturm von 1912 (rechts) heute.

Camphausen IV sorgte nicht nur unter Zeitgenossen für Aufsehen. Bauwerkmeister Bartsch widmete dem „Wahrzeichen deutschen Gewerbefleißes und industriellen Fortschrittes" im „Saarbrücker Bergmannskalender" 1913 einen ausführlichen, siebenseitigen Beitrag zur Bauhistorie mit vielen Details und Fotografien.

Aufgrund der außergewöhnlichen Konstruktion und des hohen technischen Know-hows zeichnete die Bundesingenieurkammer den Förderturm 2016 als „Historisches Wahrzeichen der Ingenieurbaukunst in Deutschland" aus. Damit steht Camphausen IV in einer Reihe mit weiteren architektonischen Glanzleistungen Deutschlands wie dem Gasometer in Oberhausen, der Nordschleuse in Bremerhaven oder dem Zeiss-Planetarium in Jena. Gleichzeitig wurden 2016 auch einige Ideen und touristische Nutzungskonzepte für den Hammerkopfturm vorgestellt. Diese können aber erst dann geprüft und gegebenenfalls umgesetzt werden, wenn der Standort nicht mehr der Grubenwasserhaltung dient.

10 Bergbaudenkmal immer noch aktiv
Das Château d'eau von Göttelborn

Auf der Göttelborner Höhe fällt eine 15 Meter hohe graue „Burg" ins Auge. Darin befindet sich ein Wasserhochbehälter. Das 1908 errichtete Bauwerk wurde 2015 fachgerecht saniert. Zugleich ist es das einzige Gebäude dieser Art, das heute wie damals noch Trinkwasser verteilt. Es stammt aus dem Bergbau.

Der Speicher fasst insgesamt 1.250 Kubikmeter Trinkwasser, verteilt auf einen Stützbodenbehälter aus genietetem Blech mit 700 Kubikmetern und einen Stahlbetonbehälter mit 550 Kubikmetern Fassungsvermögen. Dieser Hochbehälter ist das einzige Industriedenkmal des Saarlandes, das heute noch das gleiche Tagwerk verrichtet wie vor über hundert Jahren. Das Gebäude blieb fast unverändert. Neben der Erneuerung der Leitungen wurde während der Sanierung 2014/2015 nur der Einbau einer Luftentfeuchtungsanlage vorgenommen.

Heute versorgt der Hochbehälter neben den umliegenden Gemeinden Göttelborn, Holz, Wahlschied, Kutzhof und Merchweiler auch das benachbarte Steinkohlekraftwerk Weiher. Das Wasser stammt aus den Wasserwerken Spiesermühltal und Würzbachtal. Mit seiner Lage auf 444 Metern über Normalnull ist er zudem der höchstgelegene Wasserbehälter des Verbundnetzes. Eine Besonderheit stellt die auffällige Architektur dar. Der Turm und die Fenster, die Seitenbauten sowie der polygonale Grundriss und der Treppenturm vermitteln den Eindruck, es handele sich um eine kleine Burg oder ein Schloss. Das entspricht der französischen Bezeichnung Château d'eau. Es gibt weder im Saarland noch sonst in Deutschland ein vergleichbares Bauwerk dieser Art. Weshalb es 1908 so aufwendig ausfiel, ist nicht bekannt. Vermutlich hängt es mit dem Repräsentationsbedürfnis des Bergfiskus wie beim Bau der Königlich Preußischen Bergwerksdirektion Saarbrücken (1880) zusammen.

Durch die Industrialisierung und den stetig wachsenden Steinkohlenbergbau im Saarland benötigte die Bergwerksdirektion im 19. Jahrhundert größere Mengen an Wasser für die Bergwerke. Das 1880 in Malstatt erbaute Wasserwerk mit einer Tagesfördermenge von 5.400 Kubikmetern reichte nicht mehr. So nahm man 1899 das Wasserwerk Spiesermühltal in Betrieb, 1908 folgte das Wasserwerk Lauterbach. 1907/1908 wurde dann auf der Göttelborner Höhe der 700 Kubikmeter fassende Stützbodenbehälter errichtet und an das Verbundnetz angeschlossen. 1912/13 folgte der zweite, kleinere Behälter. Die Aufgabe des Turms bestand zuerst in der Versorgung des Bergwerks Göttelborn, ab 1918 kam das neue Kraftwerk Weiher dazu. Kurz vor dem Ersten Weltkrieg belieferte der Hochbehälter dann auch die Gemeinden Göttelborn, Quierschied, Merchweiler, Wahlschied, Holz, Uchtelfangen, Humes, Hierscheid, Kaisen und Wustweiler. Mit der Übernahme

Auffallendes Bauwerk – der Wasserhochbehälter auf der Göttelborner Höhe.

der SaarWasser GmbH, einer ehemaligen Tochtergesellschaft der Saarbergwerke AG, zugleich Saarlands größter Wasserversorger, gehört der Wasserhochbehälter Göttelborn seit 2001 dem Energieversorger energis GmbH. Zwischen 1990 und 2015 flossen fast eine Million Euro in die Erhaltung des Gebäudes.

2016 erhielt der Fachplaner für die Sanierung des historischen Wasserhochbehälters Göttelborn den „Saarländischen Denkmalpflegepreis". Diese Auszeichnung wird alle drei Jahre durch das Ministerium für Bildung und Kultur des Saarlandes und die Handwerkskammer des Saarlandes vergeben.

11 Erst zur Wasserversorgung geplant
Saarländisches Bergbaumuseum

Wie der Wasserhochbehälter in Göttelborn von 1908 ist der 40 Meter hohe „Hindenburgturm" in Bexbach eine besonders auffällige Landmarke. Eigentlich zur Wasserversorgung geplant, wurde er 1934 bereits zum Aussichtsturm. Seit 1994 beherbergt das Bauwerk das beliebte „Saarländische Bergbaumuseum".

Es gibt einige Heimatmuseen, Heimatstuben oder Besucherbergwerke im Saarland. Aber nur eines, das den Titel „Saarländisches Bergbaumuseum" tragen darf: der Hindenburgturm in Bexbach. Zu Recht, denn dieses Museum deckt die größte Bandbreite der Bergbauhistorie ab. Eine weitläufige Strecke „unter Tage" demonstriert alte und neue Gewinnungstechniken zum Anfassen. Tausende von Exponaten auf fünf Etagen, gekrönt von einem atemberaubenden Panorama im obersten Stockwerk des Museumsturms, unterstreichen sein Alleinstellungsmerkmal. Ein Aufzug bietet bequemen Zugang. Eingebettet in die wunderschöne Parklandschaft des Blumengartens samt „Gulliver"-Welt mit Miniaturen weltberühmter Bauwerke und der Bergehalde mit der Barbara-Statue lässt sich in Bexbach kostengünstig ein schöner Nachmittag mit der gesamten Familie verbringen.

Bereits ein Jahr nach der Inbetriebnahme 1933 wurde in dem ursprünglich als Wasserturm geplanten Hindenburgturm ein städtisches Heimat- und Grubenmuseum eröffnet. 1959, nur ein Jahr nach Gründung der Saarbergwerke AG, schloss die unrentabel gewordene Grube Sankt Barbara in Bexbach. Trotzdem ist der Stadt das Gedenken an den Bergbau nach wie vor ein wichtiges Anliegen.

Der Verein Saarländisches Bergbaumuseum Bexbach e.V. hat das Museum 1994 von der Stadt Bexbach übernommen. Die rührige Mitgliedschaft erforscht und dokumentiert die technische, wirtschaftliche, soziale und politische Geschichte der Bergbauregion. Immer wieder erregen interessante Sonderausstellungen im Wahrzeichen von Bexbach Aufmerksamkeit.

Die Objekte stammen überwiegend aus dem saarländischen Bergbau und lassen sich bis in das 19. Jahrhundert zurückdatieren. So finden sich Sammlungen zu den Themen Geleucht, Werkzeuge, Ausbautechnik, Förderung und Transport sowie zur Markscheidekunde. Eine Besonderheit ist die Etage zur Sicherheit im Bergbau mit anschaulich präsentierten Rettungsgeräten, Taucherausrüstungen, Instrumenten zum Staub- und Lärmschutz oder zur Wettermessung. Eine weitere Etage ist dem Leben und Wohnen der saarländischen Bergleute gewidmet. Hier gibt es Modelle von Prämienhäusern, ein Etagenbett aus einem Schlafhaus oder das Büro eines Bergwerksdirektors zu sehen. Auf dem Freigelände vor dem Turm sind Ausbauschilde, Lokomotiven, eine Fördermaschine der Grube Frankenholz von 1949 und der letzte Kettenförderer aus dem Bergwerk Saar (Ensdorf) von 2012

Der weithin sichtbare Hindenburgturm ist Wahrzeichen Bexbachs und Sitz des Saarländischen Bergbaumuseums.

aufgestellt. Die bergbauliche Entwicklung der Zeit nach 1980 wird mittels DVD-Präsentation vermittelt. Das Museum zeigt im Erdgeschoss zudem zahlreiche Gemälde mit Industrie- und Zechenanlagen, darunter einige des Industriemalers Walter Bernstein (1901–1981). Dort sind auch seit Dezember 2022 das alte Kraftwerk Bexbach sowie die Gruben Frankenholz und Consolidiertes Nordfeld in einer großen Modellbahn-Landschaft nachempfunden. Der damalige Transport der Kohle mit einer sechs Kilometer langen Drahtseilbahn war einzigartig in Deutschland.

Immer wieder erhält der Förderverein aus Nachlässen Devotionalien wie Steigerstöcke, Tschakos, Gezähe oder Literatur, die entweder in die Ausstellung integriert oder verkauft werden. Inzwischen wird das Museum auch gern von Künstlerinnen und Künstlern als Location genutzt.

Kompetente Museumsführer erläutern die Welt des Bergbaus. Ganz oben im Museumsturm können im „Höhencafé" auch kleinere Feiern stattfinden. Mit einem deftigen Bergmannsfrühstück oder bei Kaffee und Kuchen genießen die Gäste dann den herrlichen Ausblick auf die Landschaft am Höcherberg.

12 Eckstein setzte alles – und verlor
Bergarbeiterführer Nikolaus Warken

Ohne ihn hätte es die ersten großen Bergarbeiterstreiks 1889 im Saarland nicht gegeben: Nikolaus Warken aus Hasborn. Er führte die Bergleute in Bildstock an, gründete den Rechtsschutzverein, sorgte für den Bau des Rechtsschutzsaales, brachte die erste Gewerkschaftszeitung heraus. Und starb 1920 in ärmlichen Verhältnissen.

Der am 26. Dezember 1851 im Kreis St. Wendel geborene Bauernsohn hatte sieben Geschwister und begann als 16-jähriger Schlepper seine Arbeit auf der 35 Kilometer entfernten Grube Helene in Friedrichsthal. Den weiten Weg legte er wie andere „Saargänger" zu Fuß zurück. Während der Woche schlief er in der Dachkammer eines Bergmannshauses in Bildstock.

Warken war ein gläubiger, bescheidener Mann, er heiratete 1877 Margaretha Finkler, hatte mit ihr sieben Kinder (zwei starben nach der Geburt) und gehörte der Hasborner St. Barbara-Bruderschaft an. Sein Bürgermeister bescheinigte ihm, sein Betragen sei „stets ruhig und gut" und er lebe in geordneten Familienverhältnissen. Friedrich Engels, Co-Autor des Kommunistischen Manifests, bezeichnete ihn als „unsicheren Burschen", den man sich „abwirtschaften" lassen müsse. Beim Militärdienst war er unauffällig.

Im Bergbau Ende des 19. Jahrhunderts herrschte Willkür der Obrigkeit. Der preußische Bergfiskus mit seinem hierarchisch strukturierten Beamtentum und private Großunternehmer wie Carl Ferdinand Stumm (1836–1901) ließen Widerspruch der Arbeiterschaft gegen karge Löhne und harte Arbeitsbedingungen nicht zu und übten Druck aus. Besonders heimtückisch war das „Nullen", das Aberkennen von Wagen mit angeblich zu hohem Berge-Anteil (Gestein) statt Kohle. Einen Teil ihres Lohnes und Naturalien überließen die Bergleute daher den Steigern zur Bestechung. Wie Warken in seiner Chronik festhielt, gaben viele Bergleute sogar „ihre Frauen und Töchter her (Kuppelei), um ihr Dasein fristen zu können".

Warken wird nach mehreren Streiks 1889 mit bis zu 15.000 Bergleuten wegen „agitatorischer Tätigkeit" im Juni gekündigt. Schlüssel einiger Erfolge wie der zehnstündigen Arbeitszeit und Lohnerhöhung ist der im Folgemonat gegründete „Rechtsschutzverein für die bergmännische Bevölkerung des Oberbergamtsbezirks Bonn". Warken übernimmt unerschrocken den Vorsitz des Vereins mit über 20.000 Mitgliedern. Kaiser Wilhelm II. wendet sich nach einem erneuten Streik den Bergleuten 1890 zu. Der populäre, sogar zu Werbezwecken eingesetzte „Eckstein" erscheint plötzlich als „Paladin" des Herrschers. In Bildstock entsteht 1891/92 das erste Gewerkschaftshaus im Deutschen Reich. Die erste Gewerkschaftszeitung erscheint. Im April 1891 nimmt Warken am internationalen Bergarbeiterkongress in Paris teil, was ihm Kritik einbringt. Im Dezember 1891 wird er zu sechs Monaten Haft verurteilt.

Nikolaus Warken mit seiner Frau Margaretha Finkler.

Er nähert sich 1892 der SPD an. Im Januar 1893 streiken wieder 84 Prozent der Saarbergleute, auch Bergmannsfrauen. Es kommt zu Massenentlassungen und Querelen in der Bewegung. Über 10.000 verlassen den Verein. Warken wird abgewählt.

Er findet nun keine Arbeit mehr und zieht sich in seine Heimatgemeinde zurück. Dort betreibt er die von seinem Vater geerbte kleine Landwirtschaft und bessert sein geringes Einkommen durch den Verkauf von Fotografien und Bilderrahmen an der Haustür auf. Am 24. August 1920 stirbt er in Hasborn. Heute noch erinnern Saar-Gewerkschafter am „Tag der Arbeit“ (1. Mai) an seine Verdienste.

13 Geheimer Bergrat mit Weitblick
Erster Vorsitzender Leopold Sello

Der Erste Direktor des „Königlichen Bergamtes zu Saarbrücken" lenkte über vier Jahrzehnte die Saargruben. Sello gilt als Vater des Bergarbeiterwohnungsbaus und Mitbegründer der saarländischen Eisenbahn. Sein Porträt findet sich an der Bergwerksdirektion Saarbrücken, Straßennamen und der Sellowald erinnern heute noch an ihn.

Leopold Sello kam am 25. Oktober 1785 auf Schloss Sanssouci in Potsdam zur Welt. Sein Vater war Johann Wilhelm Sello, der für Friedrich den Großen als Königlicher Hofgärtner arbeitete. Leopolds Berufsweg sollte aber ein völlig anderer werden. Schon früh sammelte er als Bergkadett praktische Erfahrung in Ober- und Niederschlesien. Danach besuchte er die Bergakademie in Freiberg. 1811 zum Einfahrer befördert, leitete er mit 26 Jahren den Zinkerzbergbau und das Hüttenwesen in Tarnowitz. 1814 wurde er Mitglied des Oberschlesischen Bergamtes. Ausbildungsreisen durch Hessen, das Aachener Revier, Belgien, Nordfrankreich und das Ruhrgebiet erweiterten seinen Horizont. Als der überwiegende Teil der Gruben nach dem Pariser Frieden von den Preußen übernommen wurde, trat Sello 1816 seine verantwortungsvolle Tätigkeit als Vorsitzender der „Königlichen Bergamts-Commission zu Saarbrücken" an. Er übernahm wenige Monate später mit gerade einmal 30 Jahren als Direktor das neu errichtete Königliche Bergamt.

Sellos erste Aufgabe von 1816 bis 1857 bestand darin, die Verwaltung neu aufzubauen und den Bergbau effizienter zu organisieren. In mehr als 41 Jahren legte er zuerst als Bergmeister, dann als Bergrat (1822), Oberbergrat (1837) und schließlich Geheimer (bedeutet Vertrauter) Bergrat (1846) den Grundstock für die aufstrebende Branche. Zu Beginn seiner Tätigkeit 1816 förderten 917 Mitarbeiter 114.000 Tonnen Kohle, 1860 waren es fast 13.000 Bergleute und über zwei Millionen Tonnen.

Erste Tiefbauschächte mit Dampfmaschinen zur Förderung und Wasserhaltung gab es 1822 auf der Privatgrube Hostenbach, staatliche folgten 1826 mit der Grube Kronprinz bei Schwalbach. Geislautern (1833), Dudweiler (1845), König (1846) und Reden (1848) zogen nach.

Konzentrationsmaßnahmen auf weniger Förderstandorte, die Einführung von „englischen" Schienen mit T-Profil zur Wagenförderung (1827) und Grubenpferde als Zugkraft brachten deutliche Leistungssteigerungen. Anfang der 1840er-Jahre machten Eisendrahtförderseile die Produktenförderung sicherer und ermöglichten die Einfahrt von Mannschaften am Seil. Sello skizzierte einen „Prospectus über die Erbauung einer Eisenbahn von Saarbrücken bis zur Rheinschanze bei Mannheim". Die Eröffnung der Ludwigsbahn (1849) und das sich daran anknüpfende Netz der Saarbrücker Eisenbahn sowie der spätere Saarkohlenkanal 1867 ermöglichten billigeren Absatz nach Frankreich und in die Schweiz.

Resolut und innovativ – Leopold Sello (1785–1874).

Unvergessen ist auch Sellos soziales Engagement. Mit seiner Denkschrift „Über die Mittel zur Vermehrung der Arbeiter auf den Saarbrücker Steinkohlegruben" von 1841 bemühte er sich, die Bergleute an der Saar sesshaft zu machen. Zinsgünstige Darlehen förderten den Bau von Prämienhäusern. Sonntags- und Industrieschulen vermittelten Jungbergleuten und Bergmannstöchtern Wissen zum Bergbau und zur Haushaltsführung. 1857 ging Sello in Pension und vertrat sechs Jahre den Wahlkreis Saarbrücken-Ottweiler-St. Wendel im preußischen Abgeordnetenhaus. Er starb 1874 im Alter von 89 Jahren.

14 Mit dem Seidenkäppchen unter Tage
Sühneprinz aus China an der Saar

Im Saarbergbau fuhr viel Prominenz ein. Doch der Besuch des Prinzen Chun II. (1883–1951), Halbbruder des Kaisers von China, war ein Höhepunkt. Am 24. September 1901 traf er mit seiner Entourage in Saarbrücken ein. Die als Demütigung gedachte „Sühnemission" blieb vielen Saarländern unvergesslich.

Der Sühneprinz kommt!": Die „Saarbrücker Zeitung" lässt vor ihrer Mittagsausgabe am 24. September 1901 noch rasch Plakate aufhängen, tausende Schaulustige sammeln sich schon vor dem Bahnhof. Wer es noch nicht weiß, wundert sich über die große gelbe Fahne mit dem blauen Drachen, die vom prunkvollen Gebäude der Königlich Preußischen Bergwerksdirektion weht. Kaum einem Saarbrücker war damals schon einmal im Alltag ein Asiate begegnet. Der resolute Vorsitzende des Saarbergbaus, Geheimrat Ewald Hilger, auch „Saar-Bismarck" genannt, macht sich in auffälliger weißer Jacke in der Frühe auf den Weg zum Bahnhof, begleitet von höheren Bergbeamten. Elf offene Wagen mit Grubensteigern rollen für den Ehrengast vor.

Hintergrund des ungewöhnlichen Treffens mit dem Prinzen ist der Boxeraufstand 1900 in China, bei dem der deutsche Diplomat von Ketteler zu Tode kam. Die europäischen Mächte schlugen den Aufstand blutig nieder. Zu den Wiedergutmachungen zählt auch ein Abbittebrief, den Prinz „Tschun", wie man ihn damals nannte (chinesisch Zaifeng), bei einer Reise nach Europa Kaiser Wilhelm II. in Potsdam überreicht. Für den erst 18-jährigen jungen Mann mit seiner großen Entourage waren die Auftritte in den Städten sicher auch ein Abenteuer.

Untergebracht ist die chinesische Delegation in Saarbrücken im besten Hause am Platz, dem „Rheinischen Hof". Den Auftritt Ihrer kaiserlichen Hoheit beschreibt der damals sechsjährige Ludwig Bruch als „ein Gewirr aus Menschen, Chaisen, Pferdegetrappel, Zöpfen und Offizieren". 60 Jahre später erinnert sich der Zeitzeuge vor allem an Generalmajor Richter, der den zierlichen, freundlich lächelnden Gast um Längen überragt. Tschun trägt ein schwarzseidenes Käppchen mit auffallend roten Bändern und einen geflochtenen Zopf. Hüteschwenken, Hochrufe. Übermütige Lausbuben hängen sich an die Polster der Equipage oder laufen mit. Manch ein Lümmel versucht sogar, die chinesischen Würdenträger am Zopf zu fassen!

Am nächsten Tag lässt Hilger dem Prinzen ein Morgenständchen durch die Inspektionskapelle bringen und fährt mit ihm zur Grube Gerhard bei Luisenthal. Über hundert Bergbeamte in Paradeuniform sind dort schon in strammer Haltung vor dem Josephaschacht angetreten. Acht Bläser schmettern einen Fanfarenmarsch, die Inspektionsfahne verneigt sich dreimal, dann geht es unter Tage. Den bergmännischen Fahrmantel nimmt Tschun gern an, ebenso die Benzin-Sicherheitslampe. Nur die preußische Bergmütze

Der schmächtige Prinz Chun auf Grube Gerhard 1901 neben Ewald Hilger (rechte Seite, Mitte), umringt von Steigern in Paradeuniform.

verweigert er, lieber trägt er sein Seidenkäppchen. Unter Tage imponieren ihm besonders die Pferdeställe. Über 1.400 Grubenpferde sind damals noch auf den Saargruben im Einsatz.

Es folgt das Frühstück im Beamtencasino und ein kleines Konzert der Bergkapelle. Als Ehreneskorte erscheint das in Saarbrücken überaus beliebte 7. Dragonerregiment. Wieder drängen sich Menschenmassen auf den Straßen, darunter Gendarmerie und Geheimpolizei. Noch eine Fahrt zur Spicherer Höhe mit einem kleinen Exkurs zur legendären Schlacht zwischen Deutschen und Franzosen 1870. Tschun lobt den Mut der deutschen Soldaten, die damals die Steilhänge erklommen. Das unsinnige Gemetzel kostete insgesamt 1.200 Soldaten das Leben, über 5.000 wurden verwundet. Dennoch glorifizieren die Preußen noch über Jahrzehnte diesen Sieg über den „Erzfeind". Zum Abschied überreicht Hilger dem hohen Gast in der Bergwerksdirektion Saarbrücken noch eine aktuelle Ausgabe des „Saarbrücker Bergmannskalenders". Eine letzte Tasse Tee, der Prinz bedankt sich in deutscher Sprache, dann geht es mit dem Salonwagen weiter nach Frankfurt.

Prinz Chun II. sollte später selbst Geschichte schreiben. Er war 1908 bis 1911 letzter Herrscher der Qing-Dynastie, sein Sohn Puyi (1906–1967) zwölfter und letzter chinesischer Kaiser.

15 Häuslebauer-Rekord im Saarland
Prämienhäuser schufen Heimat

Nicht die Schwaben sind die eifrigsten „Häuslebauer", sondern die Saarländer. Die höchste Eigenheimdichte Deutschlands geht zurück auf die Prämienhäuser, die Leopold Sello im 19. Jahrhundert für Bergleute initiierte. Bis in die 1990er-Jahre förderte die Saarbergwerke AG den Wohnungsbau der Belegschaft.

Leopold Sello, dienstältester Vorsitzender des Saarbergbaus, der 1841 die Idee kleiner Bergmannshäuser zu günstigen Darlehen vorschlug, war vom späteren Erfolg wohl auch überrascht. Er empfahl in seiner Denkschrift an den preußischen Finanzminister, „jedem Bergmann, der sich ein Haus baut, aus Mitteln des Bergfiskus eine Bauprämie von 25 bis 40 Talern und aus der Knappschaftskasse ein Darlehen von 100 bis 150 Talern zu einem Zinssatz von 4 Prozent zu gewähren". Bauprämie und Baudarlehen erreichten zusammen den Jahresverdienst eines Bergmannes. Sello wollte damit die Bergleute sesshaft machen und eine dauerhafte Alternative zur Massenunterbringung in Schlafhäusern oder als „Kostgänger" in Privatunterkünften schaffen. Der Vorschlag wurde angenommen. Seither gilt Sello als Vater des saarländischen Bergarbeiterwohnungsbaus.

Allerdings war der Hausbau an Bedingungen geknüpft. Der Bergmann durfte noch kein Haus besitzen und musste verheiratet sein. Gute Führung war zu bescheinigen. 1867 hielt man weitere Eckpunkte fest. Das Alter des Bewerbers durfte 45 Jahre nicht überschreiten. Er verzichtete auf Ersatzansprüche bei Grubenschäden. Das Haus musste aus dauerhaftem Material in nur einem Jahr gebaut werden, der Bergmann hatte es zehn Jahre selber zu bewohnen. Auch eine Feuerversicherung war Pflicht. Ein Mindestabstand zum Waldrand war einzuhalten. Das Interesse war sehr groß, das Los musste entscheiden.

Schon ein Jahr nach der Denkschrift 1842 setzte rege Bautätigkeit ein. 1853 waren bei etwa 7.829 Bergleuten schon 569 Häuser gebaut. 1900 verzeichnete allein der Kreis Ottweiler bereits 5.560 Eigenheime bei 8.382 Bergleuten. Ganze Bergmannskolonien entstanden, die Verfügungsgewalt über neu erworbenes Bauland lag bei der Bergverwaltung.

Nach zwei einfachen Modellen in kleiner (40 Quadratmeter) oder größerer Variante (50 Quadratmeter) wuchsen die Häuser ab 1900 mit dem Wohlstand in den Bergarbeiterfamilien. Steigerhäuser wie in Reden oder gar Direktorenvillen wie in Luisenthal demonstrierten zudem preußisches Standesbewusstsein. Inzwischen waren die gängigsten Modelle alle unterkellert und es gab genügend Platz für kleine Stallungen, in denen zwei Ziegen (die „Bergmannskühe"), Federvieh oder Schweine gehalten wurden.

Die französische Verwaltung nach dem Ersten Weltkrieg führte den Häuserbau fort, allerdings unter anderen Bedingungen und mit anderer Architektur. Ein

Siedlung der BIG Niederwürzbach 1964.

gutes Beispiel aus der Domanialzeit ist die Siedlung Madenfelderhof bei der Grube Reden von 1920. Dorf im Warndt, Ortsteil von Großrosseln, entstand als nationalsozialistische Mustersiedlung Ende der 30er-Jahre.

Nach dem Zweiten Weltkrieg förderte die „Stiftung für Wohnungsbau der Bergarbeiter" (StWB, gegründet 1949) den Häuserbau erneut auf breiter Basis. „Bauinteressengemeinschaften" (BIG) entstanden. Die Saarbergwerke AG (1958–1998) lieh den Beschäftigten Maschinen aus. Oft halfen sich die Bergmannsfamilien nach Feierabend gegenseitig, Freundschaften fürs Leben entstanden. Später wurden die Saarberg-Häusertypen als frei stehende Einzelmodelle individueller und moderner.

16 „Glück auf, der Steiger kommt“ Die heimliche Nationalhymne

Sie darf bei keinem Konzert einer Bergkapelle fehlen: die Hymne „Glück auf, der Steiger kommt“. Die Version von Hanns Maria Lux „Deutsch ist die Saar“ rief schon 1920 unter französischer Besatzung dazu auf, sich zur Rückkehr nach Deutschland zu bekennen. Inzwischen ist die ursprüngliche Fassung UNESCO-Welterbe.

Als Lehrer Lux seinen Schülern 1920 „Deutsch ist die Saar“ vorsang, ahnte er sicher nicht, was aus seiner Version des traditionellen „Steiger-Liedes“ werden sollte. Seinen Text instrumentalisierten die Nationalsozialisten ab 1933 öffentlich. Das Lied wurde nicht nur bei Massenveranstaltungen wie nach dem Volksentscheid im Saarland 1935 vor der Königlich Preußischen Bergwerksdirektion in Saarbrücken gesungen. „Deutsch ist die Saar“ war das Reichssender-Pausenzeichen, zudem 1935 Saarbrücker Poststempel. Auch nach dem Zweiten Weltkrieg war das Lied als (politische) Heimathymne weiter im Saarland präsent. Die Franzosen verboten den Bergkapellen das Absingen der „deutschen“ Fassung samt Fahnen bei Großveranstaltungen wie dem Qualifikationsspiel für die Fußballweltmeisterschaft Saarland gegen Deutschland in Saarbrücken 1954.

Bis in die 1980er-Jahre verwendeten erst Radio Saarbrücken, dann sein Nachfolger, der Saarländische Rundfunk (SR), die Melodie als Erkennungszeichen mit einem zweitaktigen Auszug der Hymne. Der Komponist Heinrich Konietzky (1910–1983) hatte die Musik dazu bearbeitet und ließ sie zweistimmig auf Wald- und Flügelhorn einspielen. In der saarländischen Pop-Version „Unn do druff (bin ich e bisje stolz)“ von Wolfgang de Benki (1983) erinnern die Passagen zwischen den Strophen ebenfalls an die Hymne.

Die Ursprünge des Steigerliedes oder Steigermarsches „Wacht auff, der Steiger kömmt“ finden sich im 16. und 17. Jahrhundert. Es ist ein deutsches Volkslied aus dem sächsischen Erzgebirge. In seiner Originalform taucht es erstmals in der Beschreibung einer Festveranstaltung zu Ehren des sächsischen Kurfürsten Johann Georg II. in Schneeberg 1678 auf. Die dritte und vierte Strophe ist noch älter, sie findet sich bereits 1531 in einem Liederbuch unter dem Titel „Es soll ein Meidlein frü auf stan“. Als eigenständiges Werk ist der Marsch dann erstmals 1700 im „Bergliederbüchlein“ (Freiberg) abgedruckt. Allein in Deutschland sind über tausend Bergmannslieder in unzähligen Varianten bekannt.

Der Bergmannsgruß „Glück auf“ hat übrigens weniger die Bedeutung, man möge glücklich und sicher wieder an die Erdoberfläche gelangen. Vielmehr soll damit das Glück beschworen werden, der Berg möge sich „auftun“ und seine Bodenschätze preisgeben. In früheren Zeiten waren die Lagerstätten nämlich noch nicht zuverlässig zu bestimmen. Dass der Steiger als Protagonist auftaucht, ist kein Zufall. Als Aufsichtsperson steht er für Autorität, Zuverlässigkeit und

Die letzte Strophe des Steigerliedes wird häufig mit einem Schnaps für alle begossen.

Kaisertreue. Die sieben Strophen des Steigermarsches beschreiben die harte Arbeit in der Dunkelheit und seine Hoffnung, unversehrt zu seinem „Liebchen" heimzukehren. Die Bergleute graben darin übrigens nicht nach Kohle, sondern nach Gold und Silber.

Zumeist werden bei offiziellen Anlässen nur drei Strophen gesungen. Nach der deftigen letzten Strophe „Die Bergleut sein kreuzbrave Leut, die da tragen das Leder vor dem Arsch bei der Nacht und saufen Schnaps" gibt es dann für alle Anwesenden Hochprozentiges. Das Steigerlied ist in fast allen Bergbauregionen beliebt. Fußballklubs wie der 1. FC Saarbrücken, Borussia Neunkirchen, Schalke 04, Erzgebirge Aue, VfL Bochum oder Rot-Weiß Essen zelebrieren den Titel mit ihren Fans. Mitunter spielt auch die SPD auf Parteitagen die Hymne. Studentenverbindungen singen sie. Herbert Grönemeyer verwendete Teile des Steigerliedes für seine Ruhrpott-Hommage „Bochum" (1984). Inzwischen gibt es auch Jazz- oder Rapversionen aus dem Ruhrgebiet.

Seit 2020 zählt das Steigerlied zum „Verzeichnis des immateriellen Kulturerbes von Nordrhein-Westfalen". 2023 wurde es auch von der UNESCO zum „immateriellen Weltkulturerbe" erklärt. Nach so langer Zeit hat es das sicherlich verdient.

17 Von Katzenmusik zur Extraklasse
Die älteste Bergkapelle des Saarlandes

Stehende Ovationen sind nicht selten, wenn die Bergkapelle Saar heute auftritt. Ihre Premiere mit neun Kirmesmusikern 1819 hatte aber ein geteiltes Echo: Prinz Wilhelm von Preußen fand den Auftritt „allerliebst", Berghauptmann Sello schimpfte über die „Katzenmusik". Und nahm die Sache selbst in die Hand.

Bereits am Barbaratag 1766 soll vor dem jungvermählten Erbprinzen Ludwig und seiner Gemahlin in Dudweiler „vortreffliche Bergmusik" erklungen sein. Die missglückte Premiere einer organisierten Bergkapelle über 50 Jahre später amüsiert heute. Damals regte sie den Vorsitzenden des Saarbergbaus, Leopold Sello, aber mächtig auf. Er schämte sich wohl nicht nur für die vielen Misstöne beim Besuch des späteren Kaisers Wilhelm I. auf der Grube Geislautern 1819. Den „Musikern" zahlte man sogar zwei Taler Gage, was Sello sicherlich auch erboste. Prinz Wilhelm erteilte ihm danach aber den Auftrag, ähnlich wie in Sachsen zur „Hebung des bergmännischen Standes" ein reguläres Musikkorps zu bilden. Dies war die Geburtsstunde der heutigen Bergkapelle Saar.

Sello fand in Sachsen mit „Oberspielmann" Johann Wilhelm Zimmermann den ersten Kapellmeister. Weitere Landsleute und talentierte Saarländer kamen dazu. So entstand 1820 mit der zwölfköpfigen „Saarbrücker Direktionskapelle" die erste saarländische Bergkapelle. Zweimal die Woche wurde geprobt – mit Erfolg. Die Saarbrücker Bergmusik in Bergmannsuniform etablierte sich. Sie spielte bei festlichen Gelegenheiten, offiziellen Anlässen, den beliebten Bergfesten, auch bei Beerdigungen. Nach und nach bildeten sich weitere Musikkorps wie die Bergkapelle St. Ingbert (1839). Sie war aber keine Werkskapelle, sondern ein Traditionskorps der ehemals bayerischen Grube. Daher tragen die Musiker heute noch eine eigene Uniform. Weitere Bergkapellen folgten in Bexbach (1845), Dudweiler (1856) und Luisenthal (1859).

In den Anfängen hatten es die Bergmusikanten nicht leicht. Als Laien kannten die Bergleute keine Noten, die Kapellmeister schrieben die Partituren noch von Hand. Instrumente waren teuer. Bei geringer Bezahlung liefen die Freizeitmusiker oft lange Strecken, um nach einem harten zehn- bis zwölfstündigen Arbeitstag proben zu können. Später wurden sie einfacheren Arbeiten zugeteilt, erste Konzertreisen fanden statt. Fast jede Grube im Saarland besaß schließlich eine eigene Kapelle, zeitweise waren es 15. Sogar Streichorchester entstanden, führten anspruchsvolle Werke von Haydn oder Mozart auf. Nach dem Ersten Weltkrieg prägten Dirigenten wie Louis Fourestier (1923–1926) und Professor Hans Skohoutil (1933–1935 und 1941/42) die Orchester. Theo Koning setzte die Tradition mit dem beliebten „Symphonie-Orchester der Saarbergwerke" fort (1952–1959).

Parallel zur Rationalisierung im Bergbau kam es auch zur Konzentra-

Etliche Auszeichnungen bestätigen die hohe Qualität der Bergkapelle Saar, links Leiter Bernhard Stopp.

tion der Klangkörper. Die Bergkapellen Jägersfreude und Reden sowie Velsen und Ensdorf fusionierten zu den Bergkapellen Mitte und West (1969). Deren Zusammenschluss führte zur Gründung der Bergkapelle der Saarbergwerke AG, ab 1999 der DSK Saar, schließlich der RAG. Sogar eine Big Band stand von 1995 bis 2013 auf den Bühnen und begeisterte das Publikum.

Heute tritt die „Bergkapelle Saar" unter dem 2016 gegründeten Trägerverein „Bergmusik an der Saar e.V." auf. In großer Formation umfasst das vielfach ausgezeichnete Amateurblasorchester über 50 Musikerinnen und Musiker. Das Brassensemble und die Bergmusikanten mit böhmisch-mährischer Volksmusik sind kleinere Auftrittsformen. Seit 2016 probt die Kapelle in einem professionellen Saal der Grube Reden, finanziert von der RAG-Stiftung. Es sind also die besten Voraussetzungen gegeben, noch viel von der Bergmusik an der Saar zu hören.

18 Singende Bergleute reisen um die Welt
Der Saarknappenchor

An der Saar daheim, in der Welt zu Hause: Dies trifft auf den Saarknappenchor zu. Der 1948 gegründete Werkschor der „Régie des Mines de la Sarre" feierte 2023 sein 75-jähriges Jubiläum. Seine Konzertreisen führten den beliebten Chor als musikalischen Botschafter des Saarlandes in alle Erdteile.

Schon 1556 wusste der Begründer der Mineralogie, Georg Agricola: „Schweigt der Bauer, singt der Hauer". Zuerst galten die Lieder der Bergleute nicht der Pflege der Musikkultur. Der gemeinsame Gesang half gegen die Angst in der Dunkelheit unter Tage, verlieh Trost bei harter Arbeit, war ein gutes Mittel gegen Schlaf und Müdigkeit – ähnlich wie bei amerikanischen Sklaven. Nicht umsonst gehören Gospels heute noch zum Repertoire des überregional bekannten und beliebten Saarknappenchores.

Erstmals berichtete der „Saarbrücker Anzeiger" 1842 im Saarland von 150 Sängern, die beim Besuch des Preußenkönigs Friedrich Wilhelm IV. bergmännische Lieder vortrugen. Seit dieser Zeit entstanden viele Bergmannslieder. Bis zum Ende des Ersten Weltkriegs pflegten Bergarbeiter- wie Bergbeamtengesangvereine das Brauchtum. Die mittleren und oberen Werkbeamten „vom Leder" und „von der Feder" schwärmten bei den beliebten Bergfesten in schmucker Uniform von Staatstreue und Nationalbewusstsein. „Saar-Bismarck" Ewald Hilger, Vorsitzender der Königlich Preußischen Bergwerksdirektion (1900–1905), war Ehrenmitglied.

Erst nach dem Ende des Zweiten Weltkriegs schlägt unter der „Régie des Mines de la Sarre" im Oktober 1948 die Geburtsstunde eines Werkschores. Das private Anliegen eines hohen Beamten gibt den Anlass dazu. Die Tochter des Generaldirektors heiratet, ein Männerchor soll auftreten. Im „Café Bohrmann" in Friedrichsthal gründet Abteilungsleiter Roullier den Saarknappenchor. Unter Arbeitsdirektor Montaut macht der Chor gute Fortschritte, erhält schon 1949 für seine Auftritte die heute noch übliche Knappenuniform mit Jacke und Schachthut.

Erster Dirigent ist bis 1965 Bergmann und Kapellmeister Peter Marx. Unter seiner Leitung unternimmt der inzwischen 50-köpfige Männerchor mit vielen Stimmen aus dem Sulzbachtal erste Auslandsreisen. Schallplatten in Stereoqualität werden produziert und von den bekannten Versandhäusern Neckermann und Quelle 1955 und 1956 erfolgreich vertrieben. 6.000 Platten verkaufen sich im Saarland, 17.000 in der Bundesrepublik. Die Popularität wächst. Den folgenden Dirigenten gelingt es, das hohe Niveau des Chores zu halten: Paul Groß (1965–1990), Martin Folz (1990–1998), Martin Berger (1998–2002), Joachim Oehm (2002–2014), Matthias Rajczyk (2014–2020), Andreas Fulda (2020–2022) und dem aktuellen Leiter Johannes Weiler. Der Chor singt nicht nur bei Belegschaftskonzerten, Bergfesten, Barbarafeiern, Jubilarehrungen, Trauer- und Gedenkgottesdiensten.

Festkonzert zum 75-jährigen Bestehen des Saarknappenchors im Großen Sendesaal des SR 2023.

Die stimmgewaltigen Bergleute werden auch bei Staatsempfängen, TV- oder Rundfunkproduktionen angefragt. Den Rekord erzielen die Bergsänger wohl bei der Teilnahme an der ZDF-Sendung „Der Goldene Schuß“ mit rund 30 Millionen Zuschauern 1967. Legendär sind die großen Konzertreisen ins Ausland. Der Saarknappenchor begeistert das Publikum in Japan (1972), Brasilien (1980), London (1981), der damaligen UdSSR (1984), Ungarn (1985), Wales (1986), Italien (1988), Kanada (1990), China (1995), Australien (2001) und Südafrika (2016).

Zum 75-jährigen Jubiläum 2023 bewies der Chor im voll besetzten Großen Sendesaal des Saarländischen Rundfunks wieder einmal seine Spitzenklasse. Die Aufnahme wurde mitgeschnitten und später im SR2-Kulturradio ausgestrahlt.

19 Bewegende Zeugen ihrer Zeit
Die Dampfmaschinen auf Duhamel

Auf der Anlage Duhamel des Bergwerks Saar in Ensdorf sind gleich zwei denkmalgeschützte Dampffördermaschinen von 1918 und 1936 erhalten. Beide Qualitätsprodukte stammen aus dem Haus Dingler in Zweibrücken. Die ältere lief noch bis 2014, die jüngere bewegt sich für Besuchergruppen im Schaubetrieb.

Die erste Dampfmaschine wurde schon 1712 zur Wasserhaltung in englischen Bergwerken erfunden. Im Saarland kamen die Maschinen erst Ende des 19. Jahrhunderts zum Einsatz. Kriegsbedingt verzögerte sich in Ensdorf die Fertigstellung des Saarschachtes, wie ihn der preußische Bergfiskus damals nannte. Das 35 Meter hohe Fördergerüst des saarländischen Herstellers Meguin, die Maschinenhalle (heutige RAG-Repräsentanz) und das Fördermaschinenhaus wurden erst 1917 vollendet. Die französische Grubenverwaltung (1920–1935) verlieh der Ensdorfer Grubenanlage danach den bis heute gebräuchlichen Namen Duhamel zu Ehren des französischen Bergbauingenieurs Jean Baptiste Duhamel. Für Napoleon erstellte er gemeinsam mit Beaunier und Calmelet den berühmten „Saarkohleatlas". Das Kartenwerk besaß mit vielen Details der Lagerstätten über hundert Jahre Gültigkeit für das Saarrevier.

Das Fördermaschinenhaus Duhamel setzt sich aus zwei Maschinenhallen zusammen. Über dem Eingang auf der Nordseite erhebt sich ein kleines Turmgeschoss. Rundbogenöffnungen belichten das Innere. In jeder Halle befindet sich eine zweizylindrige Zwillingsdampfmaschine. Die jüngere stammt aus dem Jahr 1936, einer Hochphase des Saarbergbaus, und besitzt eine beeindruckende Nennleistung von 4780 PS bei einer Fördergeschwindigkeit von 18 Metern pro Sekunde. Sie war bis zu ihrer Stilllegung 2000 als Antriebsmaschine der westlichen Fördereinrichtung am Schacht Duhamel eingesetzt. Zuerst zur Förderung konzipiert, diente die Anlage mit Inbetriebnahme des Barbara-Stollens ab 1978 nur noch der Seilfahrt und dem Materialtransport.

Die ältere Dampfmaschine im Nachbargebäude von 1918 „aus Kaisers Zeiten" war mit 2989 PS etwas kleiner ausgelegt und ursprünglich zur östlichen Förderung eingesetzt. Die gewaltige Trommel mit einem Durchmesser von 7.500 Millimetern und einem Seil von über 1.000 Metern Länge ersetzte 1963 eine so genannte Koepe-Scheibe. So konnten zwei Fahrkörbe „gegeneinander" gefahren werden. Die Maschine lief bis 2014 und fand somit als letzte noch aktiv betriebene Dampfmaschine des deutschen Steinkohlenbergbaus Eingang in die Geschichtsbücher. Eine kleine elektrische Fördermaschine übernahm danach ihre Aufgaben in der Wasserhaltung.

Die beiden hochwertigen Dampfmaschinen sind Produkte der Dinglerwerke AG, Zweibrücken. Die 1827 gegründete Firma aus der Pfalz beteiligte sich an mehreren Weltausstellungen. In Wien erhielt

Blick auf die Dampfmaschine von 1936, die Gästen heute im Schaubetrieb gezeigt wird.

ihre mit zwei Zylindern ausgestattete „Doppeldampfmaschine" 1873 die höchste Auszeichnung. Dingler wurde anschließend zum Markenhersteller der deutschen Industrie und baute bis 1927 über 3.300 Dampfmaschinen mit einer Gesamtleistung von rund 260.000 PS. Etlichen Saarländern ist die Firma Ehrhardt & Sehmer, Saarbrücken, noch ein Begriff. Ehrhardt war bis 1876 Oberingenieur bei Dingler.

Bis zuletzt arbeiteten die Dingler-Exemplare auf Duhamel äußerst zuverlässig und präzise. Ein besonderer Coup ist dem Berg- und Hüttenarbeiterverein St. Barbara Ensdorf 2022 in Kooperation mit der RAG gelungen. Dank eines Reibradantriebes kann die Maschine von 1936 für Gäste zum Leben erweckt werden. Obwohl es an der Saar noch weitere Dinglermaschinen gibt, ist eine teilbewegte Fördermaschine ohne Beispiel. In diesem Fördermaschinenhaus illustrieren großzügig bebilderte Schautafeln technische Details der Dinglermaschinen und die Veränderungen der Tagesanlage Duhamel im Lauf der Jahrzehnte. Zudem wird eine Auswahl von Grubenlampen und markscheiderischen Messinstrumenten gezeigt. Seit einigen Jahren kann im Fördermaschinenhaus Ensdorf sogar geheiratet werden. Das bergmännische Ambiente findet großen Anklang. Auch Fotografen begeistert die solide Technik auf Duhamel.

20 Größte Katastrophe des Saarbergbaus
Luisenthal 1962 bleibt unvergessen

Gerade ältere Saarländerinnen und Saarländer wissen mit dem Datum 7. Februar 1962 sofort etwas anzufangen. Es war der Tag, der 299 Bergleuten in Luisenthal bei dem schwersten Grubenunglück des Saarbergbaus den Tod brachte. Die Ursache wurde trotz umfangreicher Ermittlungen nie geklärt.

Am Morgen des 7. Februar 1962 um 7.45 Uhr erschüttert eine gewaltige Detonation in 535 Metern Tiefe das Alsbachfeld der Grube Luisenthal. Im gesamten Saarbrücker Stadtteil Burbach ist der Knall zu hören. Die Polizei riegelt das Grubengelände ab, Rettungstrupps der Hauptrettungsstelle Friedrichsthal und der Gruben werden zusammengezogen, ein Notlazarett eingerichtet. US-Streitkräfte eilen mit Hubschraubern herbei. Das nur wenige Kilometer entfernte Frankreich stellt Hilfskolonnen, eine Heeresfliegerstaffel der Bundeswehr bringt Blutkonserven und Verbandsmaterial. 87 Verletzte werden in saarländische Krankenhäuser gebracht, drei Schwerverletzte nach Ludwigshafen geflogen.

Hunderte Menschen säumen über viele Stunden in quälender Ungewissheit den Weg zur Grube. Am frühen Nachmittag zeichnet sich die Tragweite des größten Grubenunglücks im Saarbergbau ab – auf den Fördertürmen des Richardschachtes wehen Flaggen auf Halbmast. Bundeskanzler Dr. Konrad Adenauer und Dr. Franz-Josef Röder, Ministerpräsident des Saarlandes, wenden sich in Rundfunkansprachen an die Bevölkerung. Bis Mitternacht des Folgetages bergen die Helfer 275 Opfer.

Am 10. Februar spricht Bundespräsident Dr. Heinrich Lübke in einem Trauerakt im alten Park der Grube Luisenthal zu 5.000 Menschen. Knappen aus allen Revieren erweisen den Toten in einem Meer von Kränzen und Blumen die letzte Ehre. Glocken läuten im ganzen Land. Während einer Gedenkminute steht der Straßenverkehr still. Im Anschluss an die Feier werden die verunglückten Bergleute in ihre 64 Heimatgemeinden überführt. Der Deutsche Bundestag gedenkt am 14. Februar der Opfer im Saarland.

Anfang März steht fest: Insgesamt 299 Tote forderte der 7. Februar 1962 – eines der schwersten Grubenunglücke der deutschen Nachkriegszeit. 73 Bergleute wurden zumeist schwer verletzt. Die genaue Ursache der Schlagwetter- und Kohlenstaubexplosion blieb auch nach umfangreichen Ermittlungen und mehreren Gutachten ungeklärt. Alle angeklagten Aufsichtspersonen sprach das Landgericht Saarbrücken im Juli 1964 frei. Um eine gerechte Verteilung der Geldspenden an Verletzte oder Hinterbliebene zu gewährleisten, gründeten die Regierung des Saarlandes und die Saarbergwerke AG am 26. Februar 1962 die bis heute existierende „Stiftung Bergmannshilfswerk Luisenthal". Auch der Ausschuss für Wirtschaft,

Das verheerende Grubenunglück ließ das Saarland 1962 für Wochen erstarren. Die Stiftung Bergmannshilfswerk Luisenthal und der Landtagsausschuss für Grubensicherheit entstanden.

Wissenschaft und Grubensicherheit im Landtag des Saarlandes entstand infolge des Ereignisses.

Mit dem Unglück erhielt die Sicherheit unter Tage neue, zentrale Bedeutung. Erste moderne CH_4-Messgeräte wurden großflächig im Grubengebäude installiert, um erhöhte Konzentrationen des bei der Kohlegewinnung freigesetzten Grubengases noch rascher zu erkennen. Schon 1965 waren alle Wetterschächte und ausziehenden Tagesstrecken der Saarbergwerke mit kontinuierlich registrierenden CO-Messanlagen ausgerüstet.

Auch nach über sechs Jahrzehnten bleibt das tragische Geschehen unvergessen. Alljährlich wird am 7. Februar in Luisenthal an die Opfer, Verletzten und Hinterbliebenen der furchtbaren Katastrophe von 1962 erinnert. Der jüngste getötete Bergmann war gerade einmal 16 Jahre alt, der älteste 59.

21 Der Saarberg-Konzern setzte Maßstäbe
Die Saarbergwerke AG (1957–1998)

Als die Saarbergwerke AG gegründet wurde, gab es noch 99 Schächte im Saarland. Über vier Jahrzehnte wandelte sich das monostrukturierte Bergbauunternehmen zu einem vielseitigen Energiekonzern. Saarberg war lange Zeit größter Arbeitgeber, Auftraggeber und Ausbilder des Landes und ist heute noch vielen ein Begriff.

Das Jahr 1957 setzt eine besondere Zäsur: Zum 1. Januar tritt das Saarland der Bundesrepublik Deutschland bei. Ende September wird die Saarbergwerke AG (Anteile: 75 Prozent Bund und 25 Prozent Saarland) mit Sitz in Saarbrücken gegründet. Das Unternehmen betreibt damals 99 Schächte im Saarland, darunter 24 Förderschächte und insgesamt 75 Material-, Seilfahrt- oder Wetterschächte.

Schon früh verschlechtert sich die Absatzlage der deutschen Steinkohle durch billiges Mineralöl und Importkohle. 1959 wird die gerade fünf Jahre fördernde Grube St. Barbara stillgelegt. Ihr folgen im selben Jahr die Gruben Mellin und St. Ingbert, Franziska (1960), Heinitz (1962), Viktoria (1963), Dechen und Maybach (1964), Velsen (1965), Kohlwald (1966), König und Jägersfreude (1968). Diese Serie reduziert die Förderung von 16,2 Millionen Tonnen (1960) auf 10,6 Millionen Tonnen (1970). Parallel kommt es fast zur Halbierung der Beschäftigten von rund 53.000 auf 27.000. Die Untertageleistung steigt indes von rund 2.000 Kilogramm pro Mannschicht auf über 3.600 Kilogramm. 1962 erschüttert das Grubenunglück von Luisenthal das Land. 1963 geht die innovative Großschachtanlage Warndt (Großrosseln) in Betrieb.

Neben dem Bergbau treibt die Saarbergwerke AG die Kokerei- und Kraftwirtschaft voran. 1959 startet die Kokerei Fürstenhausen. Bis 1970 steigern die Steinkohlekraftwerke St. Barbara, Weiher und Fenne ihre Energieerzeugung deutlich von 1,7 auf 4,1 Milliarden Kilowattstunden. Danach folgt der Bau von Weiher III (1976), es entsteht das Modellkraftwerk Völklingen (1982) und – gemeinsam mit süddeutschen Partnern – das Kraftwerk Bexbach (1983).

Saarberg gründet zudem weitere Tochtergesellschaften wie die Saarländische Fernwärme GmbH (SFW 1961) und beteiligt sich an Firmen der Mineralölindustrie, der Werkzeugherstellung und der chemischen Industrie (SaarGummi-Beteiligung 1964 – Alleingesellschafter 1967 –, Saarland-Raffinerie 1965, Frisia 1965, Deminex 1966, Harnstoffwerk Besch 1967, Folienwerke Saar 1969, Werkzeug Union 1971, Belzer-Dowidat 1979). Zudem treten Saarberg-Interplan (1974), später auch Saarberg-Oekotechnik (SOTEC 1989) im Konzern auf.

Die Ölkrisen 1973 und 1979 sorgen kurzfristig für eine Steigerung der Förderung auf über 11 Millionen Tonnen (1982). Die Gesamtbelegschaft beläuft sich wieder auf 26.000 Mitarbeiter, jährlich werden 1.000 Auszubildende eingestellt. Mitte

Der Bergbau war Kernkompetenz der Saarbergwerke AG und blieb dies auch in der DSK ab 1998.

der 80er-Jahre zwingt der Weltmarkt den Saarbergbau jedoch erneut zur Anpassung, der Beteiligungsbereich konzentriert sich auf Energie und Umwelttechnik. Dann fordern die Kohlerunden 1989 und 1991 ihren Tribut. Die Grube Camphausen wird aufgegeben (1990), bisher selbstständige Bergwerke zusammengeschlossen (Warndt/Luisenthal 1991, Göttelborn/Reden 1992). Das geplante „Drei-Standorte-Konzept" scheitert. Der Kohlekompromiss vom 13. März 1997 besiegelt das Ende von Göttelborn/Reden 2000. Am 15. August 1998 übernimmt die RAG die Saarbergwerke AG. Die Nicht-Bergbauaktivitäten gehen unter dem Namen Saarberg AG im RAG-Verbund auf, der Bergbau wird zum 1. Oktober 1998 Teil der neuen Deutschen Steinkohle AG (DSK). Die Saarbergwerke AG ist Geschichte.

Das Unternehmen besitzt für die Entwicklung des Saarlandes bis heute einen hohen Stellenwert. Saarberg ist wegen der vielfältigen Einflüsse des Konzerns über die Wirtschaft des Saarlandes hinaus ein fester Bestandteil der Historie des Landes. Gemeinsam mit der Hüttenindustrie begründete der Montankern den Wohlstand des Landes, gab viele Jahrzehnte etlichen Familien Brot, Ausbildung, Arbeit. Der Kraftwerkslandschaft (Völklingen-Fenne, Weiher, Bexbach) wuchs mit der Energiekrise infolge des Ukraine-Konfliktes ab 2021 eine neue Rolle zu. Plötzlich wurden die Steinkohlekraftwerke von der Saar wieder gebraucht.

22 Ein Flözbrand erstaunte sogar Goethe
Der „Brennende Berg“ fasziniert

Johann Wolfgang von Goethe war beeindruckt vom „Brennenden Berg“ in Dudweiler, beschrieb ihn ausführlich in „Dichtung und Wahrheit“. Eine Tafel von 1908 erinnert an den Besuch des Dichterfürsten 1770. Das Naturphänomen fasziniert Schulklassen und Touristen bis heute.

Treffender könnte eine Touristenattraktion nicht heißen als der „Brennende Berg“ im Saarkohlewald zwischen Dudweiler und Sulzbach. An kalten Tagen treten dort leichte Rauchschwaden aus den Klüften. Heute ist das nicht mehr ganz so spektakulär. In den 1960er-Jahren sollen die Glutstellen an manchen Felsbrocken aber noch so heiß gewesen sein, dass man darauf Spiegeleier braten konnte. So erzählen es zumindest Zeitzeugen. Aber was hat es damit auf sich?

Das heutige Naturdenkmal befindet sich rund 500 Meter nordwestlich der Bergkuppe in einer Art Klamm, die durch den Abbau von Alaunschiefer entstand. Nach der Überlieferung geriet bereits in den 1660er-Jahren ein tagesnahes Steinkohleflöz in Brand. Wahrscheinlich handelte es sich um Selbstentzündung durch Druck und Zersetzung infolge unplanmäßiger Kohlengewinnung. Die mündliche Überlieferung erzählt wiederum, ein Hirte habe an einem Baumstock ein Feuer entzündet, das über die Wurzeln in das Flöz eingedrungen sei.

Anfangs versuchte man, den Brand mit Wasser zu bekämpfen, was aber erfolglos blieb. Nach Berichten und Zeichnungen aus dem 18. Jahrhundert konnte man die Glut durch Spalten im Fels sogar sehen und es kam zu starken Rauchentwicklungen. Dies deckt sich mit den Schilderungen von Goethe 1770, der neben einer glühenden Höhle rötlichen, weißgebrannten Stein beobachtete, starken Schwefelgeruch wahrnahm und die Hitze des Bodens unter den Sohlen spürte.

Der Duhamel-Atlas von 1810 hebt sogar zwei Stellen hervor: das „Montagne brulante“ (brennende Gebirge) auf der Gemarkungsgrenze von Dudweiler und 250 Meter weiter nordöstlich auf der Gemarkung von Sulzbach ein „Feu naturel et presque éteint“ (fast erloschenes natürliches Feuer). Das Gebiet zwischen Sulzbach und Dudweiler war in der zweiten Hälfte des 19. Jahrhunderts eines der wichtigsten Abbaugebiete des Saarreviers; die Kohle wurde über den Gegenortschacht der Grube Dudweiler (spätere Grube Hirschbach) abgebaut. An der im Sulzbachtal verlaufenden Landstraße befanden sich unter dem Hang zudem zwei Alaunfabriken. Der abbauwürdige Alaunschiefer war zwischen den Kohleflözen eingelagert. Das Mineral war damals sehr begehrt, es diente zur Herstellung von Farben und Salmiak.

Heute brennt das Flöz nicht mehr mit offener Flamme, es glimmt nur noch. Das Phänomen ist seit dem 20. Jahrhundert eher unspektakulär. Denn die dort lagernden Kohleflöze und der Alaunschiefer sind größtenteils abgebaut. Je nach Witterung sind noch Dämpfe zu beobachten. Zumin-

Drei mutige Besucher in den 1960er-Jahren.

dest in einer Gesteinsspalte ist noch der Austritt warmer Luft zu spüren.

Am Brennenden Berg gibt es aber noch weitere Sehenswürdigkeiten des Bergbaus. Am Mittelhang ist der historische Festplatz der Grube Hirschbach erhalten, wo Tausende feierten. Die parallel laufenden Baumreihen zeichnen die ursprüngliche Lage des Platzes nach. Darüber hinaus sind die gut erhaltene, vom Jugendstil geprägte Direktorenvilla von 1907/1908 und die Beamten-Doppelhäuser sehenswert.

23 Prachtvoller Palazzo in Saarbrücken
Repräsentative Bergwerksdirektion

Über das herausragende Zeugnis des Historismus in der Landeshauptstadt könnte man ein ganzes Buch schreiben – was der Autor schon getan hat (siehe Anhang). Die Königlich Preußische Bergwerksdirektion war 1880 ein imposantes Statement des Bergfiskus. Trotzdem herrschte beim Bau strengste Kostendisziplin.

Das neue Verwaltungsgebäude der Bergwerks-Direktion gereicht der Stadt zur Zierde und erfüllt die Brust jedes wackeren Bergmanns mit stolzer Freude …", hieß es im „Saarbrücker Bergmannskalender 1882". Ob das tatsächlich bei allen Bergleuten der Fall war, sei einmal dahingestellt. Der eine oder andere hätte sicher lieber mehr Geld in der Lohntüte gehabt als auf ein Gebäude stolz zu sein, das er als einfacher Schlepper oder Hauer nicht einmal betreten durfte.

Rund ein Jahrzehnt vor den ersten größeren Streiks an der Saar war der prachtvolle Bau ein deutliches Statement des preußischen Bergfiskus. Der ging das Vorhaben früh strategisch an, denn es war Eile geboten. Die Industrialisierung forcierte den Bergbau, die Belegschaft wuchs und der Dienstsitz am Saarbrücker Schlossplatz war viel zu klein geworden. Schon 1873 erwarb der Fiskus den Bauplatz in St. Johann in der Nähe des strategisch wichtigen Bahnhofs durch Tausch und Zukäufe nach „allerhöchster Cabinettsordre". Einen Wettbewerb im Winter 1873/74 gewann zwar der erst 29-jährige Karlsruher Architekt Otto Warth. Sein Entwurf war Regierungsbaumeister Kiss jedoch zu „splendid". Das musste kostengünstiger gehen. Eine erste Überarbeitung von der Saar scheiterte, die Berliner Revision griff wieder ein und beauftragte „Profis". Nach einem verbindlichen Grundriss übernahm den Job die Berliner Architektengemeinschaft Martin Gropius (1824–1880) und Heino Schmieden (1835–1913). Dann ging es zügig. 1876 lagen Planung und Kostenvoranschlag auf dem Tisch, 1877 der genehmigte Bauantrag. Nach drei Jahren Bauzeit unter strenger Aufsicht des damaligen Vorsitzenden des Saarbergbaus, Bergrat Karl-Fritz Eilert war die Einweihung am 1. Juni 1880. Gesamtkosten einschließlich Vorplatz und Garten im Innenhof: 635.000 Goldmark, exakt nach Plan.

Es ist ein kleines Wunder, dass die raffiniert konstruierte Bergwerksdirektion mit der „abgeschnittenen Ecke" und Blick zur Bahnhofstraße nach über 140 Jahren überhaupt noch existiert. Sie überlebte nicht nur zwei Weltkriege und Bombenangriffe. Historistische Gebäude waren lange Zeit gering geschätzt, die meisten fielen beim Wiederaufbau in den deutschen Städten den Stadtplanern zum Opfer. 1960, 1965, 1971 und 1972 geriet auch das Gebäude an der Saar in schweres Fahrwasser, 1974 entschloss sich die Saarbergwerke AG zum Erhalt und sanierte den Vorstandssitz.

Der Denkmalschutz stand 2006 erneut im Mittelpunkt, als die Idee zur heuti-

Am linken Flügel der im Krieg zerstörte frühere Haupteingang, der Brunnen in der Mitte musste später der Straßenbahn weichen (Postkarte, gelaufen 1919).

gen „Europa-Galerie“ in Verbindung von „Saar-Galerie“ und Bergwerksdirektion entstand. Der Umbau 2008 bis 2010 zählte zu den größten Bauvorhaben des Landes. Der Kompromiss war schmerzlich, aber ohne Alternative. Das Gebäude wurde entkernt, ein Eckpavillon entfernt. Trotzdem sind heute neben der dreiachsigen Fassade mit Skulpturen, Medaillons und Wappenschilden noch etliche sehenswerte Elemente erhalten. Die kunstvolle Eisentreppe, die Fußbodenkeramik von Villeroy & Boch, das Glasgemälde von Ferdinand Selgrad oder der Festsaal mit der Loggia bezaubern nach wie vor. Ein Besuch mit offenen Augen lohnt.

24 Inspiration für die Künste

Bergbau als emotionales Ereignis

Die Welt unter Tage fasziniert nicht nur Bergleute. Kunstschaffende nehmen die Anregungen auf und widmen dem Saarbergbau unzählige Romane, Gedichte und Szenen, schaffen Gemälde, Plastiken, Fotos, Filme und Kompositionen – gestern, heute, morgen.

Über 260 Jahre prägte der aktive Steinkohlenbergbau Land und Leute. Führte Menschen zueinander und entzweite sie. Bot das gesamte hierarchische Spektrum vom Pferdejungen bis zum Bergwerksdirektor. War Generationen von Saarländern „uff da Arwet unn dahemm“ Motor und Last, Freude und Frust, Tragik und Trauer. Ein solch spannendes Umfeld bleibt sensiblen Kunstschaffenden natürlich nicht verborgen.

Bei den Romanen und Erzählungen aus dem Bergbaumilieu finden sich als Urheber herausragende Köpfe der saarländischen Literaturszene wie Johannes Kirschweng, Gustav Regler, Ludwig Harig oder Rainer Petto. Regionale Autoren wie August Schmidt („Im Schatten der grauen Berge“) zeichneten in „Volksromanen“ ihr Bild der sozialen Verhältnisse. Die Gedichte von Fahrsteiger Adolf Groß („Helles Licht in dunkler Nacht“) bleiben unvergessen, die herausragenden Poeten Alfred Gulden und Johannes Kühn sind immer noch kreativ.

Der sogenannte öffentliche Raum bietet zum Thema Bergbau viele Exponate, verschlingt sie bisweilen auch. Bekannt sind die Plastiken der Berg- und Hüttenleute von Fritz Koelle und Otto Zewe, die Barbarastatuen von Lothar Meßner oder die modernen Interpretationen von Ernst Alt. Mit Glasgemälden beeindrucken Ferdinand Selgrad, Werner Busche und Tristan Ruhlmann. Installationen von Paul Schneider und der Kunsthochschule des Saarlandes befanden sich auch in Verwaltungsgebäuden des Bergbaus. Die Landmarke „Saarpolygon“ (2016) von Oliver Sachse und Katja Pfeiffer auf der Bergehalde Ensdorf nimmt heute eine Sonderstellung ein.

Maler der bergmännischen Arbeitswelt sind noch landesweit ein Begriff: Fritz Zolnhofer, Walter Bernstein oder Fritz

Fritz Ludwig Schmidt (FLS) aquarellierte den Saarbergbau, hier Bergleute bei der Ausfahrt 1982.

Preisgekrönte Aufnahme: Bergmann bei der Reparatur einer Schrämwalze 2007.

Ludwig Schmidt, der langjährige, überaus vielseitige Illustrator des „Saarbrücker Bergmannskalenders". Zu den jüngeren Vertretern zählen Gaetano Gross, Elisabeth Bosslet und Comiczeichner Bernd Kissel. Seine Strips machen Bergbauhistorie und Erzählungen auf ganz eigene Art lebendig. Kissels Werke sind auch Teil der interaktiven Ausstellung „Bergbau – unser Erbe" zum Nachbergbau in der Repräsentanz der RAG auf der Tagesanlage Duhamel, einer früheren Kompressorenhalle.

Auf Fotografen und die Filmwelt wirkt der Saarbergbau ebenso anziehend. Das bestätigen die Arbeiten von Gerhard Heisler, Werner Richner, Thomas Reinhardt, Frank Bredel oder Winfried Becker. Das Fernsehen und das Radio sind ständige Begleiter auch im Nachbergbau. Viele Beiträge des Saarländischen Rundfunks (SR) und des Privatfernsehens haben die Welt unter und über Tage in Reportagen und Dokumentationen festgehalten. Der „Tatort" von 2008 mit dem Titel „Das schwarze Grab" (nach einem Roman von Martin Conrath) spielte an vielen Originalschauplätzen, unter anderem im früheren Ausbildungsstollen Velsen. „Mord ex Machina" (2018) führte den Zuschauer auf die Bergehalde Ensdorf und die frühere Grube Göttelborn. Axel Prahl, renommierter Schauspieler und Musiker, spielte die Hauptrolle in Jochen Alexander Freydanks kafkaesker Low-Budget-Produktion „Der Bau" in der stillgelegten Grube Göttelborn (2015). Für die Filmreihe „Wilde Kerle" (Teil 5, „Hinter dem Horizont", 2008) drehte Regisseur Joachim Masannek unter anderem auf einer Bergehalde im Warndt.

Nicht zuletzt findet der Bergbau auch auf Theaterbühnen und in der Musikwelt statt. Das Staatstheater Saarbrücken inszenierte das Bergarbeiterepos „Brassed Off" (2006) mit der Bergkapelle St. Ingbert. Die „Kinder der Kohle" („Les enfants du charbon") widmen sich der Bergbaugeschichte an der Grenze seit Jahren mit zweisprachigen Freilichtaufführungen. Das „Theaterschiff" machte auch Station auf der Anlage Duhamel. Der Saarknappenchor und die Bergkapelle an der Saar leben ihre Rolle als musizierende Botschafter des Bergbaus und des Saarlandes.

25 Nichts als heiße Luft
Der Dampfwagen von Geislautern

Mancher schmunzelt über die missglückte Premiere des Geislauterner Dampfwagens 1819, der sich keinen Zentimeter bewegte. Es wäre aber die erste Fahrt einer Eisenbahn auf dem europäischen Kontinent gewesen. Und dazu noch im Saarrevier. Eine verpasste historische Chance.

Reste des alten Verkehrsweges im Frommersbachtal zwischen Luisenthal und Rockershausen sind heute noch zu finden. Es ist der rund 1,8 Kilometer (870 Lachter) lange „Friederiken-Schienenweg“. Auf ihm sollte die Kohle der Altenkesseler Grube Bauernwald zur Verladestelle in Luisenthal transportiert werden. Dieser 1821 erstmals erwähnte Weg erinnert an eine kleine Tragödie. Im Mittelpunkt stand ein vermeintliches Berliner Wunderwerk aus 174 Einzelteilen. Als misslungener „Geislauterner Dampfwagen“ erlangte es traurige Berühmtheit.

Die Saarbrücker Bergverwaltung startete 1816 eine „Generalbefahrung“ der Saargruben. Man hatte von englischen Dampfloks gehört, die zuverlässig liefen. Im Mutterland der Eisenbahn baute Richard Trevithick schon 1802 die weltweit erste Dampflokomotive. Unter Trevithicks Lizenz folgte Matthew Murray 1812 mit Zahnradlokomotiven. Auch die 1813 von William Hedley erbaute „Puffing Billy“ für die Wylam-Zeche bewährte sich. Daher beschlossen die hohen Beamten den Erwerb eines deutschen Prototypen für das Saarrevier. Der Dampfwagen sollte auf der Versuchsstrecke von der Grube Bauernwald im oberen Bereich des Frommersbachtals zur Kohleniederlage an der Saar fahren. Der Preußische Bergfiskus erteilte der renommierten Königlich Preußischen Eisengießerei zu Berlin den Auftrag zum Bau des Gefährts. Parallel dazu begannen die Arbeiten für die neuen Gleiskörper.

Die Berliner Gießerei schien kompetent, hatte ein Jahr zuvor eigene Ingenieure nach England geschickt, um dampfbetriebene Lokomotiven zu studieren. 1816 wurde der erste Dampfwagen in Berlin gebaut und zog einen Wagen mit 4,2 Tonnen hinter sich her. Dennoch blieb schon dieses erste Modell weit hinter englischen Maschinen zurück, die 50 bis 75 Tonnen schafften. Berlin lieferte diesen Wagen nach Oberschlesien. Dort passte die Spurweite aber nicht zum Gleis. Nun baute man in Berlin eine zweite Maschine ähnlichen Typs nach Plänen des Konstrukteurs

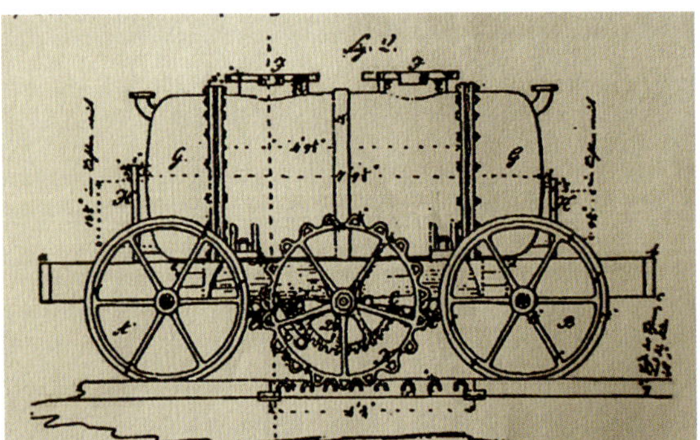

Technische Zeichnung des Geislauterner Dampfwagens

So sah der Dampfwagen aus.

Nachgestellte Szene des Malheurs von einer Theatergruppe 2014.

C.F. Althans. Auch diese Maschine soll ihre Probefahrt in Berlin mühelos gemeistert haben.

Also wurde sie 1818 wieder in ihre 174 Einzelteile zerlegt, in acht Kisten verpackt und nach Geislautern verschifft. Jedoch ohne sachkundigen Ingenieur und ohne Montagepläne! Nun machten sich Arbeiter der Eisenhütte selbst ans Werk. Ein halbes Jahr später war der Wagen zusammengebastelt. Beim ersten Anheizen kam es zum Fiasko: Der Dampf entwich an vielen Stellen des riesigen Kessels, dessen Gewicht sogar die dünnen Achsen des Wagens unter sich verbog. Das Vehikel bewegte sich keinen Zentimeter. Es wurde weiter „geknaubt". Erst drei Jahre später lief der Wagen endlich, aber mit Schräglage wegen eines einseitig angebrachten Zahnrades. Zudem war der Kessel immer noch nicht dicht. Die Maschine blieb einfach unbrauchbar.

Zähneknirschend bezahlte das Oberbergamt Bonn 1823 die Rechnung für das nutzlose Teil. Es wurde mehrfach angeboten, aber fand keinen Käufer. Elf Jahre lagerten die Teile in einem offenen Bretterverschlag, der für jedermann zugänglich war, und verkam. 1836 erbarmte sich ein Landwirt und kaufte den Schrotthaufen für 334 Taler, sechs Groschen und sieben Pfennige. Leider blieb der Nachwelt keine einzige Schraube davon erhalten. Zur gleichen Zeit wurden Kessel dieser Bauart wegen der Explosionsgefahr sogar verboten.

Fast zweihundert Jahre später widmeten sich die Völklinger Mythenjäger dem gescheiterten Dampfwagen und bauten ihn auf Basis der Originalpläne im Maßstab 1:1 nach. Das Anschauungsmodell fand den Weg in Sonderausstellungen des Verkehrsmuseums Nürnberg (2015) und des Welterbes Völklinger Hütte (2020).

26 Schneeweißer „Schacht im Grünen" Nordschacht erreichte Bestmarken

Obwohl er schon seit über einem Jahrzehnt vor sich hin schlummert, bleibt der Nordschacht bei Lebach-Falscheid eine stattliche Erscheinung. Das 48 Meter hohe Fördergerüst wurde Anfang der 1980er-Jahre harmonisch in das ländliche Umfeld integriert. Der Nordschacht war in vielerlei Hinsicht herausragend.

Den ersten Tiefbauschacht an der Saar schreibt man Fabrikant Nicolas Villeroy und drei weiteren Unternehmern zu. Bereits 1822 bis 1825 setzte die gewerkschaftliche Grube Hostenbach eine 10 PS „starke" Dampfmaschine zur Förderung und zum Antrieb der Wasserhaltungspumpe mit 22 PS ein. Kurze Zeit später, 1826 bis 1828, wurden zwei Schächte von je 32 Metern Teufe auf den Staatsgruben in Schwalbach abgeteuft. Weitere Gruben gingen nun zum Tiefbau über: Geislautern (1833), Dudweiler (1845), König (1846) und Reden (1848). Die Technik entwickelte sich mit steigender Mechanisierung stetig fort, die Grubenbaue drangen in Teufe und Fläche vor. Wegen der hohen Investitionskosten folgten erste Maßnahmen zur Konzentration auf weniger Förderstandorte.

Neben Schacht IV in Göttelborn zählte der Nordschacht zu den jüngsten und imposantesten Industriebauten des Bergbaus an der Saar. Vor dem Spatenstich am 22. September 1981 galt es, die ästhetisch und technisch außergewöhnliche Nebenanlage des Bergwerks Ensdorf möglichst unauffällig in das malerische Landschaftsbild am Hoxberg einzufügen. Die Architekten reihten die Gebäude treppenartig hintereinander auf, nur der Schacht ragte hervor. Bei der Inbetriebnahme mit einem zünftigen Bergfest 1987 fand das Bauwerk international Anerkennung.

Der Nordschacht mit einem Durchmesser von 7,50 Metern diente zuverlässig und leistungsstark über 35 Jahre lang der Bewetterung, der Seilfahrt und dem Materialtransport des Bergwerks Ensdorf. Sein Fördergerüst mit einem Gewicht von 800 Tonnen war damals das schwerste im deutschen Steinkohlenbergbau. Der zweietagige Materialkorb mit einer Breite von 2,20 Metern und einer Höhe von 14,20 Metern erlaubte eine Nutzlast von 35 Tonnen. Im westlichen Trum befand sich der schmälere vieretagige Korb für die Seilfahrten. Auf jeder Etage konnten 40 Personen zusteigen, sodass eine einzige Seilfahrt 160 Personen beförderte.

Sehr innovativ war auch die Sechs-Seil-Flurfördermaschine mit Drehstromsynchronmotor. Sie hatte eine Leistung von 4.200 Kilowatt. BBC (Elektrotechnik) und Mannesmann-DEMAG (Mechanik) montierten damals am Nordschacht die größte Drehstromfördermaschine der Welt in einer Einheit. So etwas war zuvor noch nie gebaut worden. Die Geschwindigkeit bei Materialförderung und Seilfahrt betrug 12 Meter pro Sekunde. Bei Schwerlast von über 30 Tonnen fuhr man nur noch acht Meter pro Sekunde. Durch die Lastenverteilung auf sechs Förder-

Nordschacht im Grünen – Verfüllung 2020.

seile von je 4,8 Zentimetern Durchmesser besaßen die Seilscheiben einen Durchmesser von 5,50 Metern. Sie saßen an den Schnittpunkten der Strebe mit den beiden Bühnen in 35 und 42 Metern Höhe.

Aufsehen erregte die Anlage Nordschacht, als den Bergleuten der Saarbergwerke AG 1997 der Durchschlag zur 24. Sohle gelang. Mit 1751 Metern Tiefe erreichte der Schacht damit den tiefsten Punkt im europäischen Steinkohlenbergbau. Der Autor begleitete während dieser Zeit ein Kamerateam des Privatfernsehens und fuhr hinab bis zum stickigen und schlammigen Schachtsumpf. Für alle Beteiligte war diese Grubenfahrt in den „Bauch der Erde“ ein unvergessliches Erlebnis. Sie wurde später unter dem Titel „Deutschlands extremste Orte“ gezeigt.

Mit der Beendigung des aktiven Bergbaus im Saarland hätte der Nordschacht bereits 2012 verfüllt werden können. Damals gab es jedoch die Hoffnung, dort ein Pumpspeicherkraftwerk zu errichten. Letztlich fand sich dafür keine Finanzierungsmöglichkeit, die Pläne scheiterten. Der Nordschacht war über eine Hilfsfahranlage noch bis Mitte 2020 befahrbar, dann wurde er verfüllt. Diese Maßnahme war notwendig, um den Schacht dauerhaft standsicher zu verschließen. Ein Zement-Sand-Gemisch füllte die Schachtröhre ab einer Tiefe von 746 Metern unter Normalnull (1.030 Metern Teufe).

27 Von Hartfüßern und Ranzenmännern
Per pedes bis zu 30 Kilometer

Oft waren sie schon von Weitem zu hören, die Bergleute mit ihren genagelten Stiefeln. Mütze auf dem Kopf, große Rucksäcke auf den Schultern, Stock in der Hand, so liefen sie fast ein Jahrhundert bei Wind und Wetter zur Grube. Nirgendwo gab es mehr Bergmannspfade als an der Saar.

Mit der Industrialisierung und dem Anwerben von Arbeitskräften für die Gruben durch den preußischen Bergfiskus ab 1840 stellte sich das Problem der Übernachtung. Viele Bergleute konnten nicht täglich zu ihren Wohnorten zurückkehren. Bis zu 30 Kilometer Entfernung waren zu laufen, das Eisenbahnnetz noch nicht ausgebaut. Das erste Fahrrad mit Tretkurbel wurde erst 1861 in England erfunden, das Motorrad folgte 1885. Selbst wenn solche abenteuerlichen Vehikel den Weg zu den Arbeitern an der Saar gefunden hätten – an den holprigen, schlammigen und vereisten Pfaden zu den Gruben wären sie verzweifelt. Zudem hätte sich kein Bergmann ein solches Wunderwerk leisten können, ganz abgesehen vom Gespött der Kameraden.

So packten die Männer wie ihre Väter und Großväter große Rucksäcke mit Proviant, schnürten die ledernen Stiefel mit den Nägeln und machten sich mit den Kameraden auf den kürzesten Weg über Straßen und querfeldein über Pfade. Am Arbeitsplatz angekommen, übernachteten die „Saargänger“ in Schlafschuppen, später auch Schlafhäusern der Gruben wie in Von der Heydt. Sie kochten sich selbst, zahlten für Wohnung, Bett und Herdbenutzung mit freiem Brand eine monatliche Gebühr (1897 zwei Mark). Fast alle Lebensmittel wie Kartoffeln, Butter, Fleisch, Speck und Eier brachten sie von zu Hause mit, als Bergmannsbauern betrieben sie mit ihren Familien Ackerbau und Viehzucht. Nur Brot, Hülsenfrüchte, Salz oder Kolonialwaren kauften sie in den Geschäften vor Ort.

Die Schlafhäuser entstanden ab 1846 und beherbergten schließlich mehrere hundert Bergleute. Es gab Trockenräume und eine gemeinsame Küche, die Bergverwaltung stellte Bettwäsche und Handtücher. Strenge Vorschriften etwa zur Hygiene oder Nachtruhe überwachten Schlafhausmeister und Stubenälteste.

Wer es bequemer mochte und das Geld dazu hatte, suchte sich eine Privatunterkunft als Kost- oder Schlafgänger. Die zumeist jungen Männer lebten dann in den Familien, bekamen Essen, die Kleidung wurde ausgebessert. Oft waren die Vermieter selbst Bergleute. Manche hatten in den Wintermonaten bis zu vier Mann einquartiert, wie der „Bergmannsfreund“ 1896 mit Blick auf Göttelborn berichtete. Natürlich verlief dieses Einliegerwesen nicht immer konfliktfrei. Manch ein Kostgänger fühlte sich auch zu den weiblichen Familienmitgliedern hingezogen – oder umgekehrt.

Thomas Fläschner berichtet in seinem Buch „Bergmannspfade“ von über 70 Arbeitswegen der Bergleute im Saarrevier. Die Bergmannspfade im Saarland

Peter Stein (rechts) und Harald Schorr legten 2021 bei Wiesbach einen Bergmannspfad wieder frei; daneben genagelte Stiefel der „Hartfüßer".

sind seiner Einschätzung nach bundesweit ohne Beispiel. Zuerst waren es wilde Trampelpfade, die nicht selten zu Konflikten mit Bauern oder Forstbeamten führten. Später legte der Bergfiskus selbst befestigte Wege an. Bis in die 1950er-Jahre sind solche Investitionen belegt. Es gab jedoch kein zusammenhängendes Netz von Pfaden, wenn auch manche aufeinander zuliefen. Viele Pfade sind heute noch sichtbar oder werden wieder entdeckt. Peter Stein und Harald Schorr legten 2021 bei Wiesbach einen vergessenen Bergmannspfad frei und richteten ihn mit fachmännischer Beratung wieder her. Heute gilt dieser Pfad als „Bodendenkmal". In manchen Gemeinden erinnern Straßennamen wie „Schwarzer Weg" oder „Schwarzer Pfad" noch daran. Der „Hartfüßlerweg" im Landkreis Neunkirchen ist bei Wanderern beliebt. Ebenso der „Hartfüßlertrail", eine etablierte Sportveranstaltung der RAG Montan Immobilien GmbH, die seit 2012 Läuferinnen und Läufer aus dem gesamten Bundesgebiet über solche Pfade führt. Die Laufveranstaltung erhielt bereits mehrere Auszeichnungen, unter anderem den „Silbernen Stern des Sports" (Saarland 2015) und mehrfach den Titel „Marathon des Jahres".

28 Einziges Bauzeugnis der 1930er-Jahre
Großförderanlage Reden

Im Schiffweiler Raum wurde schon im 15. Jahrhundert nach Kohlen gegraben. Im großindustriellen Maßstab geschah dies mit dem Anhauen der Grube Reden 1847. Die „Eisenbahngrube" entwickelte sich prächtig. Seit 1938 galt sie als „Großförderanlage". Das Zechenhaus ist einzigartig.

Der preußische Staatsminister Friedrich Wilhelm Graf von Reden (1752–1814) gab der Grube im Ostrevier ihren Namen. Die Anfänge der Schachtanlage 1847 lagen im sogenannten Grubenwald. Schacht Reden I wurde 1848 noch als Betriebsteil der Grube Heinitz abgeteuft. Mit der wenige Jahre später 1852 erfolgten Anbindung an die „Saarbrücker Bahn" eröffneten sich für die Grube glänzende Perspektiven. Nach und nach wurden bis zum Ersten Weltkrieg weitere Schächte niedergebracht (1850, 1856, 1887 und 1914). Leider bezahlten auch viele Bergleute den Fortschritt mit ihrem Leben. Am 20. Oktober 1864 beklagte man 35 Opfer einer Schlagwetterexplosion im Flöz Kallenberg, am 28. Januar 1907 tötete eine Kohlenstaubexplosion im Flöz Thiele 150 Bergleute. Der Urgroßvater des Autors, Johann Zewe, überlebte diese Katastrophe mit schweren Verbrennungen. Im Park gegenüber dem Zechenhaus erinnern heute noch Denkmäler an die beiden furchtbaren Unglücke.

Am 29. Dezember 1995, also 148 Jahre nach dem Anhauen, förderte man die letzten Kohlen aus Schacht V. Die Anlage gehörte nun zum Verbundbergwerk Göttelborn/Reden, das am 31. Dezember 2000 das letzte Fördergefäß hob. Wahrzeichen der Grube Reden, des zentralen Wasserhaltungsstandorts der RAG im Saarland, ist das große Verwaltungs- und Kauengebäude, das Zechenhaus.

„Der Saarbergmann", eine überlebensgroße Skulptur des Bildhauers Fritz Koelle (1895–1953), steht davor und deutet bereits auf das Dritte Reich hin. Koelle überhöht den Bergmann zu einem starken Helden. Der Künstler stammte aus Augsburg und war mit Elisabeth Karmann aus St. Ingbert verheiratet, deren Vater Bergmann war. Der „Redener Hannes", wie ihn die Einheimischen nennen, geht auf das Jahr 1938 zurück und war eine Auftragsarbeit der Nationalsozialisten. Angeblich stand Koelle dazu ein echter Bergmann Modell.

Als Reichsminister Hermann Göring 1935 zu einem Propaganda-Besuch an die Saar kam, kündigte er an, die Grube zu einer „Großförderanlage" zu entwickeln. Das Bauvorhaben nahm die Saargruben AG in die Hand. Noch im gleichen Jahr wurden das Grubenkonsumgebäude und das Hubertushaus abgerissen. Im August 1936 starteten die Arbeiten zur Errichtung des Zechenhauses. Ein knappes Jahr später, im Juli 1937, stand schon der Rohbau. Einweihung und Inbetriebnahme des repräsentativen, symmetrisch strengen Baus mit Bade- und Lampenkaue, Steigerbüros, Lohnhalle, Magazin und Verbandsstuben erfolgten 1938. Die Festredner lobten die Leistungen der Saargruben AG seit der Übernahme am 1. März 1935. Im

Teilansicht der Grube Reden 1947, ganz rechts die Skulptur Koelles, im Volksmund „Redener Hannes" genannt.

Januar 1935 hatten sich über 90 Prozent der Saarländer für die Rückkehr zum Deutschen Reich entschieden.

Die „Großförderanlage" und ihr charakteristischer Ziegelbau mit Nord- und Westflügel zeigen farblich unterschiedliche Birkenfelder Klinker. Das Hauptportal im Westflügel begrüßt den Gast mit mächtigen Pfeilern, über denen Ornamente mit Mäander-Bändern auf den ersten Blick an die Antike erinnern. Bei näherem Hinschauen treten Hakenkreuze hervor. In den 1980er-Jahren wurde der Nordflügel in südlicher Verlängerung erweitert. Im Denkmalbestand des Saarbergbaus existiert mit Reden nur noch ein Großbau aus den 30er-Jahren. Der Erlebnisort Reden hat sich inzwischen mit seinen Wassergärten, dem naturhistorischen Urzeitmuseum Gondwana, den beiden Halden und zahlreichen Open-Air-Events wie der „SR3 Sommer Alm" zu einem der beliebtesten Ausflugsziele des Nachbergbaus im Saarland entwickelt. Die ehemalige Grube Reden ist zudem Sitz der Tourismus- und Kulturzentrale des Landkreises Neunkirchen. Während der Corona-Krise war Reden ein wichtiger Rückzugsort für Spaziergänger, Wanderer und Sportler der Region, des früheren Ostreviers.

29 Moderne Kirche in bäuerlichem Umfeld
Maria Königin fördert den Dialog

Als die alte katholische Kirche im Heusweiler Ortsteil Obersalbach-Kurhof 1997 Bergschäden zum Opfer fiel, wagte man sich an ein ungewöhnliches Projekt. Etliche der 650 Einwohner beobachteten den 1998 geweihten Neubau noch mit großer Skepsis. Heute sind sie stolz auf „ihre" Maria Königin.

Neue Kirchen waren in den 1990er-Jahren sehr selten, der Boom der Nachkriegszeit lang vorbei. Umso mehr rückte Maria Königin kurz vor der Jahrtausendwende in den Blickpunkt der Öffentlichkeit. Die auffällige Filialkirche der Pfarrei St. Marien in Reisbach wurde im Zentrum des Dorfes, an tiefster Stelle, keine 200 Meter entfernt vom Vorgängerbau, errichtet. Sie ähnelt mit den beiden sich kreuzenden Tonnengewölben einer Moschee. Bei der Formgebung orientierten sich die beiden Architekten und Stadtplaner Peter Alt und Thomas Britz aus Saarbrücken an der Vierung. Der daraus entstandene zentrale Kubus machte auch die mittige Lage des Altars möglich. Die Kirche ist nach Osten orientiert, der Eingang befindet sich so hinter dem Altar. Die warme Atmosphäre im Innenraum wird von Holz, roten Backsteinen und natürlichem Licht getragen. Die leuchtenden Fenster stammen von dem englischen Glaskünstler und Lichtarchitekten Brian Clarke. Der heute 70 Jahre alte, vielfach ausgezeichnete Maler und Grafiker schuf abstrakte Glasgemälde für die Rundbogenfenster an Nord-, Süd-, West- und Ostseite, die sich den vier Jahreszeiten widmen. Zugleich soll dieses Quartett auf die Patronin Maria und das Dorf, geprägt von Landwirtschaft und Bergbau, hindeuten. Hergestellt und eingesetzt wurden die Bleiglasfenster von einer Fachfirma aus dem Taunus.

Um die Jahrtausendwende entstand mit diesem ungewöhnlichen, 18 Meter hohen Sakralbau auch ein neuer Dorfmittelpunkt für Obersalbach-Kurhof. Ganz bewusst platziert zwischen dem Dorfgemeinschaftshaus, einem alten Bauernhaus und einer Scheune bildet das einzigartige Gotteshaus einen reizvollen Kontrast und lädt nicht nur zur Einkehr ein, sondern auch zum Dialog. Der war übrigens schon sehr lebhaft in der Dorfgemeinschaft und der Umgebung, als die Pläne für den originellen Neubau und seine Ausgestaltung bekannt wurden.

Maria Königin war nicht nur ein Novum in ihrer ganz eigenen Ästhetik, sie zählte damals auch zu den größten Investitionen des Saarbergbaus infolge von Bergschäden an Kirchen. Spektakulär war bereits einige Jahre zuvor, 1992 bis 1995, die Sicherung und Sanierung von St. Michael im Merchweiler Ortsteil Wemmetsweiler von einem Expertenteam der Saarbergwerke AG gemeinsam mit etlichen Fachfirmen umgesetzt worden. Unter der neugotischen katholischen Dorfkirche von 1903 befand sich eine tektonische Störung, die dem Altbau und dem Kirchturm enorm zusetzte und eine gewaltige Schieflage hervorrief. Die Kirche konnte nicht mehr betreten werden. Sie wurde mit

Die Vierung ist gut zu erkennen – Maria Königin setzt mutige Kontraste.

modernster Technik unterfangen und mit Millionenaufwand gerettet. Die jüngere zweite Wemmetsweiler Kirche „auf der Siedlung“ von 1970 – sie trug zufälligerweise auch den Namen Maria Königin – wurde in enger Abstimmung mit der Kirchengemeinde 1995 abgerissen.

Obersalbachs Maria Königin besitzt seit 2008 zudem eine Orgel des Traditionsunternehmens Mayer. Auch der Orgelbauer kommt aus der Umgebung. Die außergewöhnliche Kirche ist nach über 25 Jahren fraglos zu einem Highlight der Region geworden. Touristenführer weisen darauf hin, Wander- und Radwege führen zu ihr. Hinweisschilder empfehlen sie als Sehenswürdigkeit. Schautafeln des „Saar-Erlebnislandes“ erklären Gästen die wichtigsten Details. Viele Besucherinnen und Besucher sind überrascht, in dieser Abgeschiedenheit ein solches Kleinod zu finden. Die Fenster von Clarke sind übrigens auch von der „Forschungsstelle Glasmalerei des 20. Jahrhunderts“ aufgenommen worden. Gerne sind die Anwohner bereit, Fragen zu „ihrer“ Maria Königin zu beantworten. Sie ist ihnen inzwischen richtig ans Herz gewachsen.

30 Nach der Schicht noch auf den Acker
Bergmannsbauern gibt es nicht mehr

Ehemals galt das Kohlegraben als Nebenbeschäftigung der Bauern. Während der ruhigen Zeit schürfte der Landwirt in oberflächennahen „Bauerngruben“ nach dem Brennstoff. Später war es umgekehrt. Der Bergmannsbauer im Nebenerwerb entstand. Er half über viele Krisen hinweg und verschwand in den 1960er-Jahren.

Als sich der Bergbau im 19. Jahrhundert auf das Steinkohlengebirge zwischen Saarbrücken und Neunkirchen konzentrierte und immer mehr Arbeiter benötigte, verließen die Bauernsöhne ihre „heimische Scholle“. Die Erbteilung ließ ihre Felder schrumpfen, der Ackerbau bot keine lohnende Ertragsbasis mehr. Die Gruben lockten mit sicheren Arbeitsplätzen, sozialen Leistungen und geregelten Arbeitszeiten. Viele Bauern wurden so Schritt für Schritt zu Bergleuten.

Trotzdem gaben sie ihren Grundbesitz und die Landwirtschaft nicht auf. Denn oft hatten die Männer zu Hause eine vielköpfige Familie zu ernähren. Sieben, acht, neun Kinder waren nicht selten. 1912 lag der Verdienst im Saarbergbau bei 1307 Mark, der Bedarf einer Familie mit fünf Kindern aber bei 1610 Mark. Diese Lücke schloss die kleine Landwirtschaft. Als Kleinst- oder Kleinbauer mit drei bis vier Hektar Land bestellte der Bergmann mit Frau und Kindern weiter die Felder, hielt Tiere, deckte damit den täglichen Bedarf an Nahrungsmitteln. Eine anstrengende Doppelbelastung für alle Familienmitglieder.

Als „Hartfüßer“ übernachtete er die Woche über in Schlafhäusern oder Privatunterkünften, nahm Essen von zu Hause mit, kam erst am Samstag wieder zurück, später mit Bahn oder Bus täglich. In der Zwischenzeit übernahmen Frau und Kinder die Arbeiten auf dem Feld, kümmerten sich um Tiere und Ställe, Getreide und Kartoffeln. Neben Erziehung und Haushaltsführung war diese Lebensform für die Mütter eine echte Herausforderung. Die älteren Kinder beschafften Grünfutter und Brennholz. Auch die Großeltern halfen mit. Fleisch, Wurst und Fett kamen aus eigener Schlachtung. Die Ziege, im Saarland liebevoll „Bergmannskuh“ genannt, war eher bei den „Kolonisten“ in den Bergmannssiedlungen beliebt, weil sie nur ganz wenig Land besaßen. Der wohlhabendere Bergmannsbauer züchtete Mastschweine und Kälber, hielt Kleinvieh wie Hühner, Gänse, Enten oder Hasen. Als Zugtiere dienten eine oder zwei Kühe, die man sich auch einmal auslieh. Pferde waren selten. Größere landwirtschaftliche Geräte konnte sich kaum jemand leisten, vieles geschah in mühevoller Handarbeit. Dennoch war der Bergmannsbauer als Eigenversorger besser gestellt als der gewöhnliche Arbeiter. Richtiger wäre übrigens der Begriff Arbeiterbauer, denn unter den Nebenerwerbslandwirten waren nicht nur Bergleute, auch Hüttenarbeiter, Beschäftigte der Post oder der Eisenbahn.

In Krisenzeiten wuchs dem Bergmannsbauern eine besondere Rolle zu. Er

Bergmannsbauer mit Ochsengespann.

stützte die Lebensmittelversorgung in den Dörfern während und nach dem Ersten Weltkrieg, während der Arbeitslosigkeit der 1930er-Jahre und der Mangelwirtschaft im und nach dem Zweiten Weltkrieg. Voraussetzung dazu war neben dem Landbesitz ein Eigenheim. Das von Leopold Sello initiierte Prämienhaussystem verwurzelte die Bergleute in der Nähe der Gruben. Das modifizierte Bergmannsbauernhaus gehört zu der vierten oder fünften Generation solcher Häuser. An den Wohnteil schloss sich hierbei ein Wirtschaftsteil mit Scheune und Viehställen für Kühe und Schweine an. Wer nicht so vermögend war, hielt die Tiere auch im Keller, lagerte dort, auf dem Speicher oder in Schuppen die Vorräte. Solche Arbeiterbauernhäuser sind noch in vielen saarländischen Orten zu sehen. Die großen, hölzernen Scheunentore sind meist stählernen Garagentoren gewichen.

Ab den 1960er-Jahren sorgten die flächendeckende Lebensmittelversorgung und die höheren Löhne für den Niedergang dieser Lebensform. Von 1950 bis 1970 gaben fast alle der Kleinbetriebe auf. Mit dem Bergmannsbauer starb auch ein Stück saarländischer Sozialgeschichte. In der Philatelie blieb der Bergmannsbauer mit Josef Holz aus Hasborn erhalten. Sein Porträt auf der 6-Franken-Marke war nach dem Krieg eines der ersten Motive des Stichtiefdrucks für Dauerserien.

31 Schlaue Köpfe schaufeln Kohle
Die besten Erfinder

Der Saarbergbau förderte stets technisch versierte Mitarbeiter. Zuerst mit Einzelprämien, später mit dem betrieblichen Vorschlagswesen. Fachabteilungen widmeten sich den Ideen und ihrer Umsetzbarkeit, in Feierstunden ehrte man clevere Bergleute. Hier drei besonders findige Köpfe verschiedener Epochen.

Grubenschlosser Friedrich Eisenbeis (1854–1924) aus Wellesweiler, Sohn des Bergmanns Wilhelm Eisenbeis, stammte aus einfachen Verhältnissen. Nach seiner Lehre in der Werkstätte Ammon in Saarbrücken fuhr er 1880 auf Grube König an. 14 Jahre später berichtete „Der Bergmannsfreund" erstmals von einer seiner Erfindungen, dem „Eisenbeis'schen Grubenventilator". Doch wichtiger schien eine andere Idee zu sein, an der Eisenbeis intensiv tüftelte: die als Schrämmaschine verwendbare Gesteinsbohrmaschine. Er baute eine Stoßbohrmaschine um und ergänzte sie um einen Führungssektor, der die Maschine im Kreis drehen ließ. Das mühsame und gefahrvolle Schrämen von Hand mit Pickel oder Sense war nun nicht mehr notwendig. Eisenbeis ließ die Maschine 1899 patentieren und schrieb dazu, sie sei „leistungsfähig in allen Flözverhältnissen im Hangenden und im Schwebenden sowie bei enger Strecke". Er kooperierte mit Firmeninhaber Ferdinand Garelly (Saarbrücken) zur Auswertung und dem Vertrieb seiner Patente. 1902 wurde er nach nur 18,5 Dienstjahren pensioniert. Gegen eine einmalige Abfindung verkaufte er 1908 seine Anteilsrechte an die namhafte Duisburger Maschinenbau Aktiengesellschaft (DEMAG). Mit dem Ersten Weltkrieg und der Inflation verlor Eisenbeis einen Großteil seines Vermögens wieder. Er starb 1924 mit 70 Jahren in seinem Haus in Wellesweiler, das er zehn Jahre zuvor erbaut hatte. In sechs Fällen verteidigte er seine Erfindung gegen Nachahmung und Patentverletzung. Seine Maschine ist heute im Saarländischen Bergbaumuseum Bexbach ausgestellt.

Erfinder Eisenbeis im Heimatbuch des Kreises Ottweiler 1950.

Obersteiger Konrad Grebe (1907–1972) ist international bekannt als Erfinder des Kohlehobels. Diese Technik wurde an der Saar nur probeweise eingesetzt. In der Schlussphase des Saarbergbaus erhielt jedoch diese Form der schälenden Gewinnung den Vorzug vor der sonst üblichen schneidenden Gewinnung mit der Schrämwalze. Grund war die geringe Mächtigkeit des letzten Abbaus. Grebe, in Heiligenwald geborener Sohn eines Grubeninspektors, begann als 14-Jähriger seine Ausbildung in den Werkstätten der Grube Reden. Nach der Bergvorschule in Neunkirchen und der Elektrosteigerklasse der Bergschule in Bochum wechselte er 1931 als Hilfssteiger nach Ibbenbüren zu Preussag. Er machte dort rasch Karriere vom Steiger (1933) und Reviersteiger (1935) über den Elektrofahrsteiger (1938) bis zum Obersteiger und Leiter des Maschinen- und Elektrobetriebes unter Tage. Grebe hielt bereits mehr als ein Dutzend Patente, als er 1937 mit seinem Team den Kohlehobel entwickelte. 1942 war der Durchbruch geschafft, das Patent angemeldet. Grebe gewann Preise im Gesamtwert von 120.000 Mark, sein „Preußenhobel" war auch im Ruhrrevier im Einsatz. Der Erfinder war nicht unumstritten. Er stand hinter der NS-Propaganda, erhielt das Ehrenzeichen „Pionier der Arbeit". Mit dem eigenen Ingenieurbüro hielt er nach dem Krieg jedoch weiterhin über 100 Patente. Er starb 1972 im Alter von 65 Jahren in Wuppertal.

Konrad Grebe beim Tüfteln.

Dr.-Ing. Dieter Geßner (1955–2022) war ein typisches „Kind" der Saarbergwerke AG. Der begeisterte Freizeitmusiker aus Hasborn widmete sich schon früh Verbesserungsvorschlägen, in erster Linie zur Optimierung des Kohleabbaus. Als Fachabteilungsleiter Gewinnung meldete er 1991 ein Patent an. Er setzte bei Maschinen unter Tage eine Kupplung zwischen Elektromotor und Getriebe. Sie wurde von einem Mikroprozessor gesteuert und erleichterte damit das Anlaufen. Diese materialschonende Technik wurde erfolgreich in 13 Streben und Großbandanlagen des Bergwerks Ensdorf eingesetzt und erzielte eine jährliche Kostenersparnis von über 1,7 Millionen Mark. Ein echter Coup! Leider verstarb Dr. Geßner viel zu früh.

Ingenieur Geßner von der Saarbergwerke AG.

32 Kaffeeküchen bieten mehr als Kaffee
Imbiss und sozialer Treffpunkt

Die Kaffeeküchen bieten den Bergleuten direkt vor den Werkstoren nicht nur Getränke und Speisen zu günstigen Preisen an. Sie waren und sind ein wichtiger sozialer Treffpunkt für Aktive, Ehemalige und ihre Familien. Heute existieren noch zwei der Exoten im Saarland: auf den früheren Gruben Duhamel und Velsen.

Wer bei Kaffeeküchen nur an Kaffee denkt, liegt nicht ganz richtig. Dort gab es auch kühle Limonade, frische Milch, Bier oder Schnaps. Ganz wichtig waren zudem gutes Fleisch, Brot und Backwaren. Weil das Rauchen verboten war, gab es dort auch den beliebten gerollten Kautabak zum Priemen in Tütchen, den sich die Bergleute zu Hause einlegten. Oder den Schnupftabak in robusten Döschen aus Weißblech. Beides verschwand dann in den Hosentaschen der Arbeitsanzüge und wurden bei Pausen unter Tage oder Fahrten mit der Kulibahn wieder hervorgeholt. Wer seinen Kollegen schätzte, bot ihm etwas davon an.

Damit die Betreiber nicht in Konflikt mit der Grubenleitung gerieten, befanden sich die Kaffeeküchen nie auf dem Werksgelände, aber stets in der Nähe der Werkstore. So hatten die Pächter ihre wichtigste Zielgruppe quasi im direkten Zugriff beim Gang zur oder von der Schicht. Es kamen aber nicht nur Bergleute in diese zumeist kargen Einrichtungen mit Stehtischen an der Verkaufstheke und großen Uhren an der Wand. Die Bewohner der umliegenden Siedlungen schätzten die Frische, die Qualität und vor allem die günstigen Preise. „Laaf mo dabba in die Kaffeekisch, bevor die näggschd Schicht kummt", hieß es dann für die Kinder und sie rannten mit dem abgezählten Geld von der Mutter und einer Tragetasche noch rasch vorbei, um Lyoner, Aufschnitt, Käse, Bier oder Tabak zu holen. Früher durfte man noch anschreiben lassen. Am Lohntag waren die Schulden dann zu begleichen. Schaffte man das nicht, wurden sogar Wertgegenstände in Zahlung genommen.

Die meisten Kaffeeküchen wie bei der Grube Maybach (1873–1981) entstanden schon früh. Um das Warenangebot rund um die Tagesanlagen abzurunden, boten sogenannte Konsumläden ganz in der Nähe weitere Kleinigkeiten für den Haushalt an. So konnte man sich auf kurzen Wegen das Notwendigste besorgen. Dort kamen auch gerne die Hartfüßer oder

Bedienpersonal vor den Auslagen in den 1980er-Jahren.

Ausschank in der Kaffeeküche Von der Heydt 1905.

Ranzenmänner vorbei. Sie waren die Woche über in Schlafhäusern untergebracht und versorgten sich selbst, kochten auch gemeinsam.

Die Kaffeeküchen boten den Bergleuten nicht nur beste Ware an, sie sicherten auch viele Arbeitsplätze vor Ort. Etliche Metzgereien und Bäckereien, auch Brauereien, schlossen mit den Stilllegungen von Gruben. Dies hing mit dem großen Umsatz zusammen, den allein der Bergbau sicherte. Zur Grube Maybach ist dokumentiert, dass dort schon um die Jahrhundertwende täglich 50 Liter Kaffee, 320 Liter Bier und 20 Liter Schnaps ausgeschenkt wurden. Die Grube Reden erhielt vor ihrer Schließung 1995 von einer Metzgerei in Göttelborn täglich 500 Kilogramm hausgemachte Lyoner; das entspricht etwa 1.000 Ring Fleischwurst. Oft musste am gleichen Tag noch nachgeliefert werden. Für Brauereien wie Schäfer (Dirmingen), Schloss (Neunkirchen), Großwald (Heusweiler), Becker (St. Ingbert) oder Karlsberg (Homburg), aber auch Okko-Getränke (Saarbrücken) waren die Gruben ein wichtiger Auftraggeber.

Der letzte Auftritt des Saarbergbaus bei der Internationalen Saarmesse 2012 in Saarbrücken stand unter dem geselligen Motto „Kaffeeküche“. Dazu wurde Originalmobiliar aus Luisenthal geholt und in der Messehalle 1 stilecht aufgebaut. Sondereditionen wie Biergläser fanden reißenden Absatz, historische Aufnahmen von Kaffeeküchen im Saarland erinnerten an ihre Bedeutung. Die verbliebenen Kaffeeküchen in Velsen und Ensdorf sind nach wie vor ein beliebter Treffpunkt für Berufstätige, Rentner und Touristen. Manch ein Stammtisch existiert immer noch. Wenn das Stimmengewirr einsetzt und lautstark eine neue Runde „Digge“ (0,5 Liter Bier) bestellt wird, ist noch etwas vom Flair der aktiven Zeit zu spüren. In geselliger Runde werden dann Neuigkeiten ausgetauscht oder mit einem Augenzwinkern Anekdoten aus dem Berufsleben erzählt.

33 Warum die Saarländer so gern feiern
Preußische Bergfeste machten es vor

Wer hart arbeitet, soll auch dafür belohnt werden. Zumindest einmal im Jahr. Das war wohl die Intention des preußischen Bergbaus, als er die Bergfeste zu gesellschaftlichen Höhepunkten machte. Tausende Bergleute und ihre Familien wurden gratis und großzügig verköstigt. Traditionspflege war identitätsstiftendes Element.

Es gibt sie noch, die großen Bergfestplätze im Saarland. Am Brennenden Berg in Dudweiler oder im Neunkircher Stadtteil Heinitz. Der „Tag des Bergmanns" in Ensdorf oder die „Heiligenwalder Bergmannstage" neben dem „Quierschieder Wambefeschd" (Wambe bedeutet Wanst) knüpfen heute an diese Tradition an. Die Bergfeste sind schon über 200 Jahre alt und fester Bestandteil saarländischer Alltagskultur. Erste Akten des Königlichen Bergamtes zu Saarbrücken verweisen auf das Jahr 1817. Bis etwa 1850 fand das Fest immer am Barbaratag, dem 4. Dezember, statt. Die Bergleute dankten der Schutzheiligen mit Gottesdiensten für Beistand und Trost bei ihrer gefährlichen Arbeit und trafen sich dann zum Festessen.

Mit steigender Belegschaft mussten Termine unter freiem Himmel festgelegt werden. Auf den königlichen Gruben suchte man geeignete Festplätze. Lange Kastanienreihen wie in Dudweiler oder mächtige Eichen wie in Göttelborn sorgten für Schatten und begrenzten die Plätze. Im Zentrum stand ein großes Podest, hölzerne Rondelle luden zum Verweilen ein. Der „Saarbrücker Bergmannskalender" veröffentlichte die Termine, Aushänge und Flugblätter wiesen darauf hin. Im „Bergmannsfreund", dem wichtigsten Informationsblatt der Königlich Preußischen Bergwerksdirektion, fanden sich später detaillierte Berichte über den Ablauf, die Ehrengäste und Redner. Bergfeste waren ein echtes Großereignis. Je nach Belegschaftsstärke kamen tausende Bergleute und ihre Angehörigen zusammen. Zum Teil reisten die Gäste mit Sonderzügen an.

Die Bergfeste besaßen ein festes Ritual. Am Vorabend und am Festtag eröffneten Böllerschüsse die Veranstaltung. Die gepflegten Tagesanlagen zeigten Flagge. Zuerst besuchten die Bergleute die Gottesdienste beider Konfessionen. Zur Mittagszeit formierte sich dann die Bergparade, an der die Beamten und die Bergleute teilnahmen. Der Festumzug war straff organisiert. An der Spitze marschierte die Bergkapelle, dahinter ein Fahnenträger. Ihm folgten hochrangige Grubenbeamte und der Bergwerksdirektor, schließlich die mittlere Führungsebene, zuletzt die Belegschaft in Knappenuniform – oder zumindest mit Stiefeln, Bergkittel und Dienstmütze. Der fröhliche Zug führte zum Festplatz, wo die Angehörigen bereits an langen Tischen und Bänken mit eigenem Besteck Platz genommen hatten. Zuerst gab es aus großen Kesseln eine kräftige Reissuppe mit Ochsenfleisch, dann verteilten die Steiger Gutscheine für Weißbrot mit Schinken, für

Bergfest im Ostrevier, Neunkirchen.

Käse, Bier und Zigarren an die Belegschaft. Auf der Bühne eröffneten die Bergbeamten und der Direktor die Veranstaltung. Musik und Vorführungen der Turner sorgten für Unterhaltung. Die Kinder erhielten Süßigkeiten, konnten beim Eierlauf, Klettern oder Weitsprung kleine Preise gewinnen. Die Attraktion waren die imposanten Schiffschaukeln. Kapellen spielten zum Tanz. Am Sonntagabend um 19 Uhr setzte der Ausmarsch der Bergkapelle und der Fahne den Schlusspunkt.

Der Montag war frei, an diesem Tag feierten dann die mit der Organisation und Aufsicht beauftragten Beamten. Die gesamten Kosten übernahm die Bergverwaltung. Nach einer Aufzeichnung der Grube König wurden bei einem Bergfest pro Mann 1,5 kg Ochsenfleisch, 1,5 kg Brot, fünf Liter Bier, Reis, Gewürzsenf und 12 Zigarren berechnet. Der Warenwert betrug das 1,5-Fache eines Schichtlohnes. Reste durften mitgenommen werden. Bis 1889 fand das Bergfest alljährlich statt, nach dem Streik im Zweijahresrhythmus. 1910 endete diese Tradition der preußischen Saargruben, die ansehnlichen Fonds widmete man auf Wunsch der Bergleute besser der Familienkrankenfürsorge. Nach dem Zweiten Weltkrieg kehrten die Bergfeste wieder zurück, zumeist in Verbindung mit einem „Tag der offenen Tür".

34 Die älteste Werkszeitschrift der Welt „Der Bergmannsfreund“

Der preußische Bergfiskus an der Saar wusste schon sehr früh, die Belegschaft an sich zu binden. Schlaf- und Prämienhäuser, Deputate, Schulen, Betsäle, Bergfeste sorgten für Standesbewusstsein. Mit dem „Bergmannsfreund“ trug man kaisertreue Botschaften ab 1870 als Gratis-Beilage der „Saarbrücker Zeitung“ in die Öffentlichkeit.

Glückauf ganz besonders dem Saarbrücker Kohlenbergmanne!“: Mit diesem Gruß erschien vor über 150 Jahren zum ersten Mal „Der Bergmannsfreund“. Das vierseitige „Wochenblatt zur Unterhaltung und Belehrung für Bergleute“ lag jeden Freitag der „Saarbrücker Zeitung“ kostenlos bei. Herausgeber war die preußische Bergverwaltung. Man verstand das Blatt als Begleiter des Bergmanns: „Als treuer Berather will er ihm bei den Mühen und Gefahren seines Berufes zur Seite stehen, als aufrichtiger Freund ihn darauf hinweisen, wie er sein Leben wirklich verbessern, für sich und die Seinigen ein wahrhaft zufriedenes und behagliches Dasein sich schaffen kann …“, schrieb der erste Redakteur und Bergrat Franz Anton Haßlacher 1870. „Der Bergmannsfreund“ gilt als älteste Werkszeitschrift der Welt.

Die Themen des Blattes reichten von Nachrichten und Personalien über historische und aktuelle Berichte aus Bergbau, Industrie, Technik und Knappschaft bis zu Erzählungen. Nur drei Probenummern erschienen zu Beginn. 1870 brach der Deutsch-Französische Krieg aus, Saarbrücken wurde Kriegsgebiet.

Erst zehn Jahre später, 1880, legte man das Wochenblatt erneut auf. Während des Bergarbeiterstreiks unter Nikolaus Warken startete „Der Bergmannsfreund“ im Juli 1890 bewusst die Serie „Arbeitsverhältnisse auf den staatlichen Steinkohlengruben bei Saarbrücken“. Gustav von Velsen an der Spitze der Königlichen Bergwerksdirektion ernannte 1892 Ewald Hilger zum „Berichterstatter für Arbeiterangelegenheiten“. Der nationalliberale Berginspektor verwandelte die Zeitschrift nebenberuflich kurzerhand in ein patriotisches Kampfblatt. „Der Bergmannsfreund“ lag nun nicht mehr der „Saarbrücker Zeitung“ bei, er ging als selbstständige Publikation in doppeltem Umfang an die Belegschaft. Hilger bekannte sich zum Christentum, zu Kaiser und Reich, Herrscherhaus und Vaterland. Schon in der ersten Ausgabe trat er den „verabscheuungswürdigen Bestrebungen der Sozialdemokratie“ entgegen. Die Sozialdemokraten nahmen ihrerseits auch kein Blatt vor den Mund, positionierten sich gegen die „bürgerlichen Todfeinde“. Hilger und Warken trugen ihre Auseinandersetzung nun auch offen im „Bergmannsfreund“ aus.

Mit Theodor Vogel, dem erst 23-jährigen Sohn des Alleinredakteurs der „Saarbrücker Zeitung“, fand man für Hilger 1893 einen gemäßigteren Nachfolger. Die Auflage stieg von 4.000 Exemplaren 1892 auf den Höchststand von 20.000 Exemplaren 1914. Inzwischen war die Belegschaft auf 58.000 angewachsen. Zeitweise

Nr. 1. (Probenummer.)

Saarbrücken, den 1. Juli 1870.

Der Bergmannsfreund.

Glück auf!

Wochenblatt zur Unterhaltung und Belehrung für Bergleute.

Erscheint jeden Freitag. Bestellungen nehmen die Expedition in Saarbrücken, alle Postanstalten, sowie auf den hiesigen Gruben und den benachbarten Ortschaften die besonderen Boten entgegen.
Preis für das Vierteljahr bei der Expedition 3 Sgr., bei den Postanstalten 3 Sgr. 9 Pf., durch die besondern Boten bezogen 3 Sgr. 6 Pf.

An die Leser!

Glückauf dem altehrwürdigen Bergmannsstande! Glückauf den deutschen Berggenossen all! Glückauf aber ganz besonders dem Saarbrücker Kohlenbergmanne!

Mit diesem Gruße erscheint heute der Bergmannsfreund zum ersten Male bei Euch, mit diesem Gruß denkt er noch häufig in Eure Mitte zu treten und, wenn Ihr Gefallen an ihm findet, dauernd unter Euch zu weilen.

Der Bergmannsfreund will ein wahrer Freund sein des Bergmannes, und vornehmlich des Saarbrücker Kohlenbergmannes. Als treuer Berather will er ihm bei den Mühen und Gefahren seines Berufes zur Seite stehen, als aufrichtiger Freund ihn darauf hinweisen, wie er sein Lebensloos wirklich verbessern, für sich und die Seinigen ein wahrhaft zufriedenes und behagliches Dasein sich schaffen kann, er will aber endlich auch als unterhaltender und angenehmer Gesellschafter dem Bergmanne und seiner Familie die Ruhestunden gemüthlicher zu machen suchen.

> „Wer zum Bergmann versehen ist, der bete und arbeite treulich, aber brauche auch seine Vernunft und treuer, erfahrener Leute Rath und stecke die Augen nicht in die Taschen"

sagt sehr treffend der alte Bergprediger Mathesius. Solch treuen Rath nun wird der Bergmannsfreund Euch bieten. Er wird es versuchen, Euch in einfacher, leicht verständlicher Sprache die wichtigsten Vorgänge in der Natur und die Beschaffenheit unserer Erde zu erklären; er wird mit Euch die Hülfsmittel und Vorsichtsmaßregeln bei Ausübung Eures Berufes besprechen; er wird auch Gelegenheit nehmen, Euch und Euren Hausfrauen manch' willkommenen Rath für das alltägliche Leben zu geben.

Aber noch in anderer Beziehung wird der Bergmannsfreund Euch nützlich sein können. Die altbewährten Knappschaftseinrichtungen bilden mit Recht den Stolz des Bergmannsstandes. Und doch sind sie von ihm meist weder ihrem Zwecke, noch ihren Vorzügen nach in dem Maße gekannt, wie es in seinem eigenen Interesse wohl zu wünschen wäre. Dasselbe gilt von den übrigen Einrichtungen, den Fortbildungsschulen, Lesezimmern und Bibliotheken, Menagen, Consum-, Spar- und Vorschußvereinen, den geselligen bergmännischen Vereinen und andern, wie sie im Saarbrücker Reviere zu Nutz und Frommen der Bergleute und ihrer Angehörigen geschaffen sind. Nun hofft der Bergmannsfreund, durch getreue Schilderung die Kenntniß aller dieser Einrichtungen bei Euch zu fördern und dadurch ihre richtige Würdigung und bessere Ausnutzung zu Eurem Vortheile herbeizuführen.

Endlich wird der Bergmannsfreund Euch auch unterhaltende Erzählungen, besonders aus dem Bergmannsleben, hübsche Bergmannslieder, lustige Geschichtchen, Beschreibungen Eurer Feste und Vereinsversammlungen und andere Mittheilungen aller Art bringen, welche für Euch von Interesse sind.

Möge es dem Bergmannsfreund gelingen, Euer Wohlwollen zu erwerben und möge er recht bald sich Eures Vertrauens und Eurer vollen Theilnahme zu erfreuen haben! Für Euch wird es sicherlich kein Schaden sein!

Schließlich sei noch an alle die Männer, denen ein warmes Herz schlägt für das Wohl und Wehe unseres biedern Bergmannsstandes, die dringende Bitte gerichtet, den Bergmannsfreund durch Rath und That, durch Wort und Schrift in seinen Bestrebungen zu unterstützen. Nur wenn dies geschieht, wird es ihm möglich sein, wahrhaft Gutes zu wirken zum Heil und Segen des ganzen Bergmannsstandes.

Und somit denn beginnt der Bergmannsfreund seine erste Schicht:

Glück auf!

Der deutsche Bergmannsstand und die Knappschaftsvereine.

Welcher andere Stand kann sich wohl solch altehrwürdiger, bewährter Einrichtungen rühmen, wie sie der Bergmannsstand in seinen Knappschaftsvereinen besitzt? Mögen auch vielleicht die Zünfte und Innungen der städtischen Handwerker zum Theil ein höheres Alter haben, mit den Knappschaftseinrichtungen und ihren segensreichen Wirkungen durch Jahrhunderte hindurch bis auf den heutigen Tag können sie sich doch nimmermehr messen.

Auf deutschem Boden sind die Knappschaftsvereine entsprungen, auf deutschem Boden haben sie sich weiter fortgebildet. Deutsche Bergleute waren es überhaupt auch zuerst, die den Bergmannsstand zu einem Achtung gebietenden und auch allgemein geachteten machten. Im heidnischen Alterthume galt die Beschäftigung in den Gruben als eine entehrende Strafe. Besiegte Feinde, Sklaven, todeswürdige Verbrecher wurden mit der Peitsche in die Gruben getrieben, mit Ketten beladen mußten sie die Bergarbeit verrichten. Erst unsere deutschen Vorfahren haben den Bergbau aus dieser Entwürdigung wieder zu Ehren gebracht. Freie, deutsche Männer haben sich mit Lust und Liebe dem Bergbau hingegeben, und was sie geleistet, davon zeugt das hohe Ansehen, die zahlreichen Freiheiten und Vorrechte, welche ihnen schon früh von Fürsten und Kaisern zu Th[illegible] wurden.

„Der Bergmannsfreund" – Erstausgabe (Probenummer) 1870.

erschien das Blatt dreimal wöchentlich. Vogel arbeitete als erster Beamter ausschließlich redaktionell und prägte die Publikation über 26 Jahre hinweg bis 1919. Technik, Informationen der Knappschaft, Soziales und Unterhaltung erhielten unter ihm einen höheren Stellenwert. Zwölf „Bergboten" brachten die beliebte Zeitung zu den Gruben. Nach dem Ende des Ersten Weltkriegs wiesen die Franzosen Vogel aus. „Der Bergmannsfreund" des Kaiserreichs existierte nach 49 Jahren nicht mehr.

In der Völkerbundszeit (1920–1935) erschien keine Werkszeitschrift. Das Deutsche Reich setzte nach der Rückgliederung des Saarlandes von 1935 bis 1945 den „Saarbergmann" als nationalsozialistisches Propagandablatt im A5-Format für die „Soldaten der Arbeit" ein. Nach dem Zweiten Weltkrieg trug der „Junge Bergmann der Saargruben" samt Sportseite unter Hauptschriftleiter Louis Perrin von 1947 bis 1955 starke erzieherische Züge. Ihm folgte die professionelle Zeitschrift „Schacht und Heim" der Saarbergwerke AG mit 6,7 Millionen Exemplaren in 16 Jahren. Die weiteren Titel: „Saarberg" (ab 1971), „Saarberg-Konzern-Report" (1996–1998), „Steinkohle" (1999–2004), „Folio" (2004–2007) und zuletzt wieder „Steinkohle" mit „Saar-Journal" (ab 2007 bis Ende 2012).

35 Unikum „Gruuwe Hennes“
Josef Ingeln reimte für ihn

Was Mundart-Autor Josef Ingeln aus Saarbrücken in zehn Jahren zu Papier brachte, ist einmalig in der Unternehmenshistorie des Saarlandes und wohl auch darüber hinaus. Als Zeitzeuge kommentierte er regelmäßig wichtige Ereignisse des Saarbergbaus im Dialekt und mit viel Humor.

Für die Leserschaft der Werkszeitschrift, darunter etliche Bergleute, war es eine traurige Nachricht, als der „Gruuwe-Hennes“ nicht mehr schrieb. Von 1996 bis 2005, über zehn Jahre hinweg, war die Figur in jeder Ausgabe präsent. „Uff saarlännisch Platt“ nahm sich der Hennes aktueller Themen des Saarbergbaus an. In 100 Gedichten – zuerst im Paarreim, dann im Kreuzreim – kommentierte er mit Insider-Wissen durchaus komplexe Themen wie die Demonstrationen der Bergleute in Bonn, die Geburtsstunden der Deutschen Steinkohle AG (DSK) und der neuen Industriegewerkschaft Bergbau, Chemie, Energie (IG BCE, vormals IGBE). Personalabbau, Stilllegungsmaßnahmen, Umschulung – er scheute sich vor keiner Herausforderung, fand stets den richtigen Ton.

Selbstbewusst trat er auf, aufmunternd, positiv in die Zukunft blickend. Natürlich gings auch mal lustig her, wenn er Mitarbeiter mit besonderen Hobbys wie „de Gruuwelambesammler“, „de Schirri“ oder „de Eiren-Männ“ aufs Korn nahm. Nie verletzend, sondern charmant und pfiffig, mit Witz und Respekt vor der Leistung anderer. Mitunter auch mit ernstem, kritischem Unterton in der schwierigen Zeit des Rückzugs des traditionsreichen saarländischen Steinkohlenbergbaus. Eine Entscheidung, die viele im Interesse einer eigenen Energieversorgung für falsch hielten.

Hinter dem Gruuwe-Hennes steckte der ehemalige Laborleiter der Röchlingschen Eisen- und Stahlwerke Josef Ingeln. Fast vier Jahrzehnte arbeitete er in der Montanindustrie. Den Gruuwe-Hennes brockte er sich selbst ein, wie er zum Abschied 2005 in einem Interview erzählte. „In einem Leserbrief an die Redaktion des damaligen Saarberg-Konzern-Reports schrieb ich, dass ich mich auch einmal über Mundart-Beiträge zum Saarbergbau im Blatt freuen würde. Die Redaktion drehte dann den Spieß einfach um und fragte mich, ob ich denn nicht selbst auf Bestellung Gedichte zur aktuellen Situation des Unternehmens schreiben könnte“ – so war der Gruuwe-Hennes geboren.

Auch zum Entstehungsprozess der Gedichte gab Josef Ingeln Einblicke. Er besprach sich rechtzeitig mit der Redaktion, welche Beiträge in der nächsten Ausgabe im Vordergrund stehen würden. Dazu ließ er sich dann Hintergrundinformationen und Dokumente geben, die er sorgfältig zu Hause studierte. Dann setzte er sich hin und reimte. „Der Einstieg war stets am schwierigsten – das musste passen“, dann folgten die anderen Strophen, zuletzt die Schlusspointe und die Überschrift. Er saß dann oft mehrere Tage am „Feinschliff“, wie er es nannte. Seine Frau war stets die erste „Kritikerin“, dann die Redaktion. Schließlich lag die finale

Heimatdichter Josef Ingeln (rechts) mit Manfred Spoo beim SR.

Fassung auf dem Tisch. Alles in allem, so Ingeln, steckten in jedem, zumeist in sechs Strophen und in Vierzeilern verfasstem Gedicht etwa sieben Stunden Arbeit.

Irgendwann wurde auch der Saarländische Rundfunk (SR) auf ihn aufmerksam. Moderator Manfred Spoo lud ihn zu seiner Rundfunksendung bei der „Saarlandwelle" (SR 3) ein, wo die beiden mit viel Spaß den Gruuwe-Hennes einem großen Publikum vorstellten. Später erschien dann mit Unterstützung des damaligen Chefredakteurs der Werkszeitschrift, Prof. Dr. Karlheinz Pohmer, und des Autors dieses Buches ein Bändchen mit den schönsten Reimen aus der Feder von Josef Ingeln. Illustriert mit ansprechenden Fotos und Karikaturen erinnert es heute noch an eine Kunstfigur, die viele Freunde im Saarbergbau besaß. Der Gruuwe-Hennes bleibt vielen im Gedächtnis als schmunzelnder Dichter mit Mutterwitz.

Zum Abschied 2005 schrieb Josef Ingeln „Noch äämol Glück auf!". In der letzten Strophe hieß es:

„Glück auf!, noch äämol, allegar,
Sanggd Barbara soll eich begleide,
un dass de Berschbau an der Saar
noch lääbd fier lange Zeide!"

Nur sieben Jahre nach diesen Zeilen wurde das letzte Stück Kohle im Saarland gehoben.

36 Ein kühles Blondes für die Beamten
Der Bierkeller Von der Heydt

Die Werksbeamten des Bergbaus genossen gerade in der preußischen Zeit (1816–1920) eine Reihe von Privilegien. Verpflichtet zu Treue und Gehorsam gegenüber Kaiser und Vaterland hatten sie ein „strenges Auge" auf die Belegschaft. Im Gegenzug gewährte ihnen der Fiskus einigen Luxus wie Bierkeller, Beamtenhäuser und eigene Feste.

Auffälligstes Merkmal der preußischen Beamten waren die Arbeitskleidung und vor allem die Paradeuniformen. So war im Alltag und bei festlichen Anlässen deutlich sichtbar, welcher Hierarchieebene sie angehörten. Bis heute tragen übrigens nur die saarländischen Steiger beigefarbene Arbeitsanzüge mit je fünf goldenen Knöpfen in zwei Reihen an der Jacke, darauf Schlägel und Eisen – ein Relikt aus jenen Zeiten.

Im Umkehrschluss hatten die „einfachen" Arbeiter der preußischen Gruben wie Pferdejungen, Schlepper, Hauer und ausgebildete Bergleute den Vorgesetzten wie dem Fahrsteiger, dem Obersteiger oder gar dem Berginspektor mit Respekt zu begegnen. Kam es zu Auffälligkeiten oder Ungehorsam, setzten Gruben- und Revierbeamte das „Strafreglement" des Königlich Preußischen Bergamtes durch. Das galt auch für Bergleute, die am Lohntag in Wirtshäuser gingen. Sie wurden zuerst auf eine andere Grube verlegt. Besserten sie sich nicht, kamen sie in ein anderes Revier. Wenn auch dies nicht fruchtete, wurden sie für acht Wochen „abgelegt", also gekündigt. Letzte Stufe war dann die Entlassung und das Streichen aus der Knappschaftsrolle (gemäß der Bekanntmachung des Bergamtes Saarbrücken zum Alkoholmissbrauch von 1825).

Bei den Bergbeamten tickten die Uhren anders als bei den durstigen Hauern, das Trinken gehörte zum guten Ton. Repräsentative Bauwerke wie der schmucke Bierkeller von der Heydt sind ein gutes Beispiel dafür. Abgeschieden im Wald vor den Toren Saarbrückens, wirkt die einem Stollenmundloch nachempfundene Architektur fast schon märchenhaft. Der Bierkeller befindet sich direkt hinter dem ehemaligen Schlafhaus der Grubenbeamten, dem heutigen Landesamt für Vermessung, Geoinformation und Landesentwicklung. Er wurde in den Hang hineingebaut, um die Getränke des Beamtenkasinos zu kühlen, das sich im Schlafhaus befand. Eisstangen sorgten für die beste Temperatur. So hatten es die Herren Beamten nicht weit, wenn sie sich nach der harten Arbeit ein kühles Blondes gönnten. Am Wochenende und bei gutem Wetter tranken, rauchten und schnupften sie auch an Tischen direkt vor der imposanten Eingangspforte.

Der Bierkeller in Von der Heydt entstand vermutlich Ende des 19. Jahrhunderts und war sicher kein Einzelfall. Im Bergmannsroman „Im Schatten der grauen Berge" (1947) heißt es zur Grube Reden mit etwas Übertreibung: „Am Fuße des Waldhanges ist auch der neugehauene Felsenkeller, in dem sicherem Vernehmen nach mindestens hunderttausend Liter Helles

Der schmucke Bierkeller 1981.

und Dunkles lagern sollen." Das opulente Exemplar in Von der Heydt besitzt eine größere Wand aus gelbem Sandstein mit einem zentralen, emporragenden Erker. Davor befindet sich ein auffälliger Portalbau aus rotem Sandstein mit schmiedeeisernem Eingang. Insgesamt vier kleinere Türmchen mit Zinnen, Eckquadern, Konsolsteinen und Fliesen bieten ein ansprechendes Bild. Direkt über dem Portal zeigt das Bergbausymbol Schlägel und Eisen auf einem Wappenschild, wem der Keller gehört und wer hier Zutritt gewährt. Der Verein Initiative Kirschheck e.V. bemüht sich seit 2018 um die Sanierung des Bierkellers – ein faszinierendes Kleinod, das unbedingt erhalten werden muss.

Preußische Beamte wohnten zudem in Häusern, die größer und repräsentativer waren als die einfachen Arbeiterhäuser. Die Beamten blieben wie die vermögenden Direktoren mit ihren Villen in eigenen Wohnvierteln unter sich. Ein Beispiel dafür ist das „Steigershaus" zwischen Merchweiler und Bildstock, inzwischen ein beliebtes Ausflugsziel für Radfahrer und Wanderer. Die Wandbemalungen unterstreichen die Herkunft des Gebäudes.

37 Wenn Bergleute um Beistand flehen
Der Glauben begleitet den Bergbau

„Wir richten, eh wir niederfahrn, den Blick, o Gott, empor zu dir. O woll uns, Herr, getreu bewahren, laß wiederkehren uns nach hier": Jeder Bergmann weiß mit diesen Zeilen etwas anzufangen. Es ist der Beginn des Anfahrts- oder Schichtgebetes, das über Jahrhunderte vor dem Arbeitsbeginn gesprochen wurde.

Bereits im 16. Jahrhundert fuhren die Bergleute nicht ein, ohne zu beten oder zu singen. In Betstuben oder Bethäusern kamen sie vor der Schicht zusammen. Die Sitzordnung folgte einer strengen Hierarchie vom Obersteiger bis zum Grubenjungen. Der Beruf des Bergmanns war sehr gefährlich, tödliche Unfälle an der Tagesordnung. Alle waren sich bewusst, dass die bevorstehende Schicht die letzte sein könnte, und Gott wurde um Beistand gebeten. Manche erzählten vom Berggeist, der tief im Innern der Erde sein Unwesen treibt. Der preußische Bergfiskus zeigte später überhaupt kein Verständnis für diese Schauermärchen und erließ 1839 eine „Instruction", wonach gottesfürchtige Bergleute zum Morgengebet zu erscheinen hatten. Der Steiger oder Schichtmeister trug das Gebet vor. Wer fehlte, wurde bestraft – der Revierbeamte zog einen Pfennig vom Lohn ab.

Im Lauf der Jahre entwickelte sich das Morgengebet zu Betstunden oder sogar zur Andacht. In der Nähe der Gruben entstanden auch im Saarland Betsäle wie in Altenkessel 1870. Der Betsaal wurde als Bau „zur Hebung des geistigen Wohls" der Arbeiterschaft betrachtet und wie eine Kapelle mit Glockenturm und Kreuz versehen. Hintergrund waren zugezogene katholische Neubergleute, die seit Mitte des 19. Jahrhunderts an der Saar Arbeit fanden. Wie in Altenkessel waren den Bergmannsfamilien die Wege zur nächsten Kirche – in diesem Fall eine Stunde nach Püttlingen – zu weit. Der Ruf nach einer eigenen Pfarrei oder einem Gotteshaus in der Nähe wurde lauter. Erst waren es Beträume in den Schlafhäusern, dann Betsäle, meist in unmittelbarer Nachbarschaft zu den Bergarbeiterkolonien. Die evangelische Kirchengemeinde als kleinere Gruppe musste sich später mit den Räumen begnügen. Solch ein Betsaal hatte eine Länge von immerhin 27 Metern und eine Tiefe von 13,50 Metern. Er diente in Altenkessel noch bis 1903 als Kirche.

Das Einfahrtsgebet war im 20. Jahrhundert nicht mehr verpflichtend, es wurde aber noch bis in die 1960er-Jahre hinein vor der Einfahrt gemeinsam mit dem Schutzhelm in der Hand gesprochen.

Ein rührendes Zeugnis der engen Verbindung des Bergmanns gerade mit der Schutzheiligen Barbara sind die kleinen Altäre, die bis in die Gegenwart hinein unter Tage gepflegt werden. Meist am Zusammentreffen zweier Strecken finden sich kleine, ins Licht gesetzte Barbaraskulpturen, die mit Blumen geschmückt werden. Erst wenn der letzte Bergmann das Grubengebäude verlässt, nimmt er die Barbarafigur wieder mit ans Tageslicht.

Gläubige Bergleute vor ihrem Grafitto im Kohlebunker am Nordschacht 2006.

Eine große Überraschung erlebte der Autor bei einer Grubenfahrt im Nordschacht 2006. Ein Kohlebunker, das ist ein riesiges Bauwerk zur Bevorratung der gewonnenen Kohle, musste hergerichtet werden. Eine schwierige und gefährliche Arbeit. Die ausführenden Bergleute hinterließen auf dem Spritzbeton der Seitenwände mit der Sprühdose ein über drei Meter hohes Graffito der heiligen Barbara und schrieben darunter: „Glück auf, Hl. Barbara, Gott segne euch!" Ein starkes Zeichen für den Glauben im Alltag. Beide Konfessionen standen den Bergleuten übrigens auch beim Arbeitskampf zur Seite, zuletzt nach der großen Erderschütterung 2008. Beim Tag des Bergmanns, den Barbarafeiern oder den Metten sind bis heute Geistliche beider Konfessionen dabei.

Etliche Kirchen wie St. Hildegardis in St. Ingbert nehmen in der Architektur bauliche Elemente des Ausbaus unter Tage wie den Türstock auf, Glasgemälde und Skulpturen bilden die heilige Barbara ab. Der Saarknappenchor und die Bergkapelle interpretieren traditionelle und zeitgenössische Kompositionen zu Ehren der heiligen Barbara. Die gewachsene Bindung zwischen dem Bergbau und dem Glauben wird also auch im Nachbergbau fortgesetzt.

38 Pingen und Schürfe im Saarkohlewald
Vom wilden Kohlegraben

Der Saarkohlewald zwischen Saarbrücken und Neunkirchen trägt seinen Namen zu Recht. Die Kohle führenden Schichten des Karbons streichen hier oberflächennah aus. Das blieb kein Geheimnis. Schon im späten Mittelalter wird vom „wilden Kohlegraben am Flözausgehenden" berichtet. Was ab 1751 zum staatlichen Bergbau führte.

Wer gerne in der Natur unterwegs ist, findet im Saarland etliche Zeugnisse des frühen Bergbaus. Es gibt inzwischen sogar Wanderwege wie den „Pingenpfad" zwischen Merchweiler und Schiffweiler, die zu solchen Relikten führen. Ursprung der Pingen sind zur Tagesoberfläche ausstreichende Kohleschichten, wie man sie auch immer wieder bei Bauarbeiten in diesem Raum beobachten kann. Im späten Mittelalter und der frühen Neuzeit waren diese Flöze das Ziel wilder Kohlegräber. Mit primitivem Werkzeug wie Hacken, Spaten und Schaufeln versuchten sie die Kohle herauszuschlagen.

Die Fundstellen waren zufällig. Wurde ein größeres Flöz entdeckt, trieb man es in Streichrichtung so lange weiter, bis man an seine technischen Grenzen stieß und aufgab. Diese Hohlformen liefen danach voll Wasser. Solche Kohlelöcher bezeichnet man als Pingen. Im Naherholungsgebiet Itzenplitz sind sie am „Pingenpfad" besonders zahlreich. Dort gibt es über 350 davon. Sie sind oval oder kreisförmig. Die Durchmesser betragen zwischen drei und elf Metern. Manche sind bis zu fünf Meter tief. Auch Grabenpingen wurden in die Böschungen hineingetrieben. Sie erreichten Längen von bis zu 40 Metern. Hohlwege dienten zum Abtransport der Kohle. Das „schwarze Gold" wurde in Schubkarren, Handwagen oder Pferdefuhrwerken aus dem Wald geschafft. An Sammel- und Verladeplätzen erfolgte dann der Weitertransport. Tauschgeschäfte zwischen Bauern und Kohlegräbern waren nicht selten. In Notzeiten wie während der beiden Weltkriege griffen Anwohner aus der näheren Umgebung immer wieder zur Hacke und beuteten die Flöze illegal aus. Noch bis in die 1960er-Jahre hinein gab es solche Aktivitäten.

Etwas professioneller ging es bei den Schürfen zu. Vor allem im 19. Jahrhundert suchten die Bergbaubetreiber gezielt nach Kohlevorkommen. Um einen guten Überblick über die Lagerstätte zu bekommen, brachte man großflächig Probe- und Suchbohrungen nieder. Manches Mal wurden damit auch verloren geglaubte Flöze wiedergefunden. Die Ergebnisse der Schürfe wurden akribisch in handgezeichnete Karten eingetragen. Im Gegensatz zu den Pingen dienten die Schürfe also nicht der Kohlegewinnung, sondern der Erkundung.

Für die ersten Kohlevorkommen im Saarland gibt es mehrere Belege. Die ältesten sind Perlen und Ringe aus Kännelkohle, das ist schnitzbare Steinkohle. Dieser Schmuck des keltischen Bergbaus fand sich in Grabbeigaben aus dem 6. Jahrhundert vor Christus bei Rubenheim. Die Kännelkohle stammt aus dem Flöz Tauent-

Eine Pinge in der Nähe des Steigershauses in Bildstock (links), im Volksmund als „Kolleloch" bekannt.

zien bei Neunkirchen-Heinitz. Sie gilt als ältester Beleg für den Steinkohleabbau in Deutschland.

In Urkunden aus Ottweiler von 1357 ist erstmals das „wilde Kohlegraben" dokumentiert. 1586 versuchte Graf Philipp von Nassau-Saarbrücken, die private Kohlegräberei mit einer Bergordnung einzuschränken. Zunftordnungen regelten Streitigkeiten der Kohlegräber. Verschiffungsplätze wie die „Kohlrech" bei Saarbrücken tauchen Ende des 16. und Anfang des 17. Jahrhunderts in Dokumenten auf. Der „Kohleklau" setzte sich fort, bis Fürst Wilhelm Heinrich zu Nassau-Saarbrücken (er regierte von 1741 bis 1768) das Monopol an sich riss. Der Montanfürst verstaatlichte aus Holzmangel 1751 alle Bauerngruben. Die Wirtschaft und die Bevölkerung sollten nur noch mit Steinkohle heizen. Denn die Erlöse aus dem Verkauf von Bau- und Nutzholz spülten Geld in seine Kassen. Wilhelm Heinrich ließ ab 1765 zudem das Saarrevier markscheiden. Grenzen wurden markiert und ordentliche Risse angefertigt. Zugleich förderte der Fürst den fachmännischen Abbau der Kohle. Seine Maßnahmen begründeten an der Saar die über 260 Jahre betriebene systematische Kohlegewinnung unter staatlicher Administration – ein Alleinstellungsmerkmal im europäischen Raum.

39 „Zartes Geschlecht" unterschätzt
Taffe Frauen standen ihren Mann

Den Bergmann gibt es häufig, die Bergfrau ist eher im Gebirge unterwegs. Und die Gattin eines Bergmanns ist die Bergmannsfrau. Die Bergmannsbauern hätten ohne Hilfe von Frauen wohl kaum existieren können. Die Beispiele zeigen: Der Mann stand im Bergbau stets im Vordergrund. Dennoch übernahmen Frauen wichtige Rollen.

Über Jahrhunderte wurde vom Bergbau im Saarland fast ausschließlich als Männerdomäne berichtet. Die harte, schwere und gefährliche Arbeit unter und über Tage stand im Mittelpunkt von Saarpublikationen wie dem „Bergmannsfreund", dem „Saarbrücker Bergmannskalender" oder der Werkszeitschrift „Schacht und Heim". Pathos und Sozialromantik vermittelten bei der „Bergmannsfrau" das Klischee der emsigen Gattin und fürsorglichen Mutter, die dem müde heimkehrenden Bergmann ein gemütliches Heim bot, die Kinder erzog und ihm allenfalls das Essen zum Werkstor brachte. Der erste Vorsitzende des Saarbergbaus, Leopold Sello, sorgte im 19. Jahrhundert für Aufsehen, als er Mädchen den Weg zu Schulen freimachte. Dort lernten sie zwar zuerst nur die wichtigsten Aufgaben der Haushaltsführung, „höheren Töchtern" von Bergbeamten wurde jedoch schon damals eine schulische Ausbildung zuteil.

Die Preußen verboten den Frauen 1865 die Arbeit unter Tage, weil sie körperlich zu schwer für das „zarte Geschlecht" schien. Dabei war es schon vor fast 300 Jahren gar nicht so selten, dass eine „Wittib" (Witwe) zu den Betreibern von Gruben gehörte. In Akten des Bestandes Nassau-Saarbrücken von 1730 sind bei den „Kohlgruben zu Duttweiler" zwei Witwen genannt. Nicht persönlich, nur mit den Namen der verstorbenen Männer. Über Kirchenbücher finden sich dann nähere Angaben. Ob sie an der Saar selbst aktiv in der Grube mithalfen, ist nicht belegt. Auch in Blieskastel gab es unter der Herrschaft des Hauses von der Leyen im Zeitraum von 1742 bis 1776 Betreiberinnen. Außergewöhnlich war sicherlich die Karriere der „Frau Wittib Heintz", geborene Hild, die 26 Jahre lang, von 1790 bis 1816, als einzige preußische Direktorin die Steinkohlengrube Rußhütte leitete. Zudem verwaltete sie 30 Jahre die Niederlage „Kohlwaage" und vier Jahre eine Salzniederlage. Wie kam es dazu? Ihr Mann erkrankte schwer, Catharina Margareta übernahm seinen Job. Sie machte ihn so gut, dass Fürst Ludwig sie offiziell in die Dienststellung einsetzte. Sogar unter den Franzosen behauptete sie 1808 ihre Stellung als Directeur particulier (Oberschichtmeisterin). Berichte belegen, dass sie ihre Aufgaben besser und pünktlicher als die männlichen Kollegen versah. Sie erhielt ab 1820 eine „lebenslängliche jährliche Pension" von 145 Thalern, der Hälfte ihres Einkommens, und starb 1835 in Saarbrücken.

Die „Bergmannsfrau" durchbrach später vor allem in Krisen ihre engen Grenzen. Schon bei den Bergarbeiter-

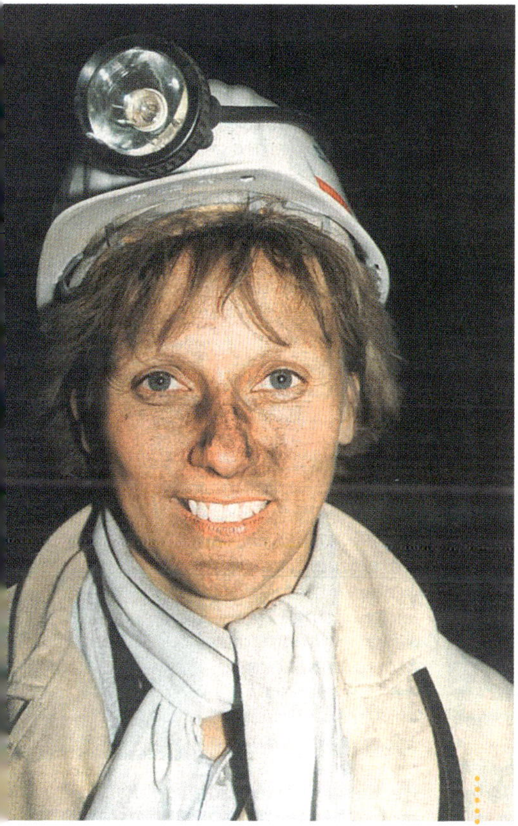

Assessorin des Markscheidefachs
Petra Lanzenberger 1994.

Frau am Leseband in den 50er-Jahren.

demonstrationen mit Nikolaus Warken wagten sich Frauen auf die Straße, äußerten auf eigenen Versammlungen lautstark ihre Empörung. Im Deutsch-Französischen Krieg 1870/71, während des Ersten und Zweiten Weltkrieges und kurz danach packten Frauen auf den Gruben über Tage beherzt mit an. Sie arbeiteten in den Lampenstuben und in der Kohlewäsche, trennten an der „Grawwel“ (Leseband) mit Jugendlichen die Berge von der Kohle. Sie schoben Loren, waren bei der Holzverladung oder in den Kaffeeküchen eingesetzt. „Sogar beim Heizen der Dampfkessel halfen unsere Frauen und Mädchen mit“, heißt es im „Saarbrücker Bergmannskalender“ 1919. Darüber hinaus hielten sie zu Hause „den Laden zusammen“, während die Männer an der Front waren oder in Gefangenschaft. Das Vieh des „Bergmannsbauern“ musste schließlich gefüttert, die Stallungen mussten ausgemistet, die kleinen Felder bestellt werden.

Erst Ende des Jahrhunderts erlernten Frauen im Bergbau „Männerberufe“. Eine erste Ingenieurin schloss 1994 ihr Studium an der Hochschule für Bergbau in Saarbrücken ab, die erste Assessorin des Markscheidefachs wurde eingestellt. Danach legten auch Mechatronikerinnen, Zerspanungsmechanikerinnen oder Energieelektronikerinnen ihre Prüfungen ab.

40 In der Kirche wie unter Tage
Montane Sakralarchitektur

Traditionell besteht zwischen den Bergleuten und der Kirche eine enge Beziehung. Mitunter greifen Architekten beim Bau von Gotteshäusern diese Verbindung auf oder Glasgemälde zeigen die heilige Barbara. Doch nirgendwo im Saarland wird der Bergbau so deutlich zitiert wie in der Kirche Sankt Hildegardis in Sankt Ingbert.

Wer die Entstehung dieses auffälligen Sakralbaus verstehen möchte, muss weit zurück in die Historie der Region blicken. Sankt Ingbert gehörte zum bayerischen Teil des Saarlandes. Der Steinkohlenbergbau ist dort bereits vor dem Dreißigjährigen Krieg nachzuweisen. Später verwalteten die Territorialherren von der Leyen die Gruben. Zwischen 1793 und 1814 hatten die Franzosen das Sagen, dann übernahm das Königreich Bayern den Bergbau. Ab 1818 entstand sogar ein eigenes Bergamt, das alle saarpfälzischen Grubenbetriebe leitete. Obwohl die Flözverhältnisse schwierig waren und der Abbau mühselig, galt die 1959 stillgelegte Grube St. Ingbert als bedeutender Wirtschaftsfaktor. Heute noch wird das bergmännische Brauchtum in St. Ingbert von einem Knappenverein gepflegt; die Bergkapelle St. Ingbert mit eigener, bayerischer Knappenuniform zählt zu den besten des Landes.

Nach den Bestimmungen des Konkordates war es damals erforderlich, für die neue Kirche die Zustimmung des regierenden Monarchen von Bayern, König Ludwigs III., einzuholen. Doch aufgrund des Ersten Weltkriegs mussten der Bau und die ebenfalls vorgesehene Gründung der neuen Pfarrei St. Hildegard erst einmal verschoben werden. Das außergewöhnliche Gotteshaus oberhalb der früheren Bergarbeitersiedlung entstand schließlich in den Jahren 1928/1929. Es ist der heiligen Hildegard von Bingen (1098–1179) gewidmet. Die gebildete Benediktinerin gründete ein Frauenkloster und hinterließ wertvolle Schriften.

Die Baupläne der Hildegardskirche gehen auf den Landesbaurat Professor Albert Boßlet aus Frankenthal zurück. Leitender Architekt war Ludwig Kreischer. Boßlet war ein Anhänger des Konstruktivismus. Der neuartige Stahlbeton erfreute sich damals großer Beliebtheit. Boßlet verband die strenge, schmucklose, geometrische Formensprache mit roten Klinkern

Innenansicht der Kirche mit Türstock-Interpretation.

Sankt Hildegardis – Außenansicht 2023.

als Verblendmaterial. Solch ein Sichtmauerwerk findet sich auch auf Tagesanlagen größerer saarländischer Gruben wie in Reden oder Luisenthal sowie bei Fabrikgebäuden. Sicherlich waren diese Anklänge an die Industriearchitektur von Boßlet gewollt. Der Grundstein für die Hildegardskirche wurde am 28. November 1928 gelegt. Noch nicht einmal ein Jahr später, am 22. September 1929, weihte der Speyerer Bischof Ludwig Sebastian bereits den Neubau.

Das Langhaus von St. Hildegardis ist ohne Zweifel das eindrucksvollste Merkmal dieser Kirche. Es erinnert mit seiner gewaltigen Konstruktion an den Türstock-Ausbau, wie er Jahrhunderte im Bergbau unter Tage üblich war. Gewaltige Eisenbetonträger streben beidseitig auf halber Höhe des Mittelschiffs nach oben und stützen die Decke ab. Zwei Spitzbögen überragen einen Vor- und einen kleinen Altarraum. Das Gestein der Kirchenwände blieb wohl bewusst unverputzt, um auch mit diesem Stilelement die Welt unter Tage abzubilden. Die Kirche ist in der Denkmalliste des Saarlandes als Einzeldenkmal aufgeführt und gilt als bester Kirchenbau von Boßlet.

Durch die Umsetzung des pastoralen Konzeptes des Bistums Speyer verlor die Hildegardskirche ihre eigentliche Bestimmung. Der St. Ingberter Stadtrat beschloss deshalb 2021, die Kirche unentgeltlich von der katholischen Stadtpfarrei zu übernehmen. Das Gotteshaus soll Teil des Bildungscampus an der Ludwigschule mit einer Multifunktionshalle werden. „Aufbruch statt Zerfall“ lautet die Devise der Stadt. So erhält St. Hildegardis ein zweites Leben.

41 Von Goldgruben und Reinfällen
Saarbergbau mit Licht und Schatten

Geht es nach den Planungsingenieuren, sollten den Steinkohlenbergbau eigentlich keine Zufälle steuern. Wie der Bergmannsgruß „Glück auf" jedoch schon belegt, war es gerade in den Anfängen des Bergbaus nicht sicher, nach mühevollem Graben auch tatsächlich auf reiche Kohlevorkommen zu stoßen. Später sorgte auch die unverlässliche Energiepolitik für ein jähes Ende.

Im Saarländischen Bergbaumuseum Bexbach ist seit Ende 2022 eine faszinierende Modelleisenbahn-Landschaft zu sehen. Sie vermittelt einen Eindruck der Hochzeit des Bergbaus im 19. Jahrhundert mit drei Gruben auf dem Höcherberg. Recht erfolgreich waren die bayerische Staatsgrube Mittelbexbach (1817–1936) und die vom liberalen Abgeordneten August Ferdinand Cullmann privat betriebene Grube Frankenholz (1886–1954), die mit der Kohlenwäsche am Bahnhof Bexbach sogar über sechs Kilometer durch die größte Industriedrahtseilbahn Europas verbunden war. Tragisch ist die Historie der dritten **Grube Consolidiertes Nordfeld** (1889–1905). Sie gilt als einer der größten Reinfälle des Saarbergbaus. Eine Aktiengesellschaft aus Bochum glaubte nach einem Gutachten auf reiche Kohlevorkommen zu treffen, teufte mit großem Aufwand die Schächte Fortuna (wie passend …) und Wilhelmine ab, brachte modernste Fördertechnik zum Einsatz. Die Hoffnungen erfüllten sich nicht. Nach nur 16 Jahren mussten die Investoren mit einer Gesamtförderung von mageren 250.000 Tonnen Kohle und einem Schuldenberg von 7,7 Millionen Reichsmark aufgeben. 500 Bergleute verloren damals ihre Arbeit. Heute noch sind am „Historischen Grubenweg Nordfeld" Relikte dieser Zeit im Wald zu finden.

Historiker Reinhard Klimmt, ehemaliger Ministerpräsident des Saarlandes, wird emotional, wenn das Stichwort Göttelborn 1997 fällt. „Der unvermeidbare Schließungsbeschluss zur Kapazitätsanpassung traf Göttelborn, das Bergwerk mit dem modernsten Fördergerüst, mit diesem in Beton gegossenen Fanal bergmännischer Zukunftssehnsucht. Jetzt verkehrte sich das stolze Bauwerk in ein Denkmal falscher Investitionsentscheidungen, in eine Beton und Stahl gewordene Erinnerung an die Ergebnisse politischer Heuchelei, in ein Monument der Feigheit …" Die Rede ist von einer der größten Fehlinvestitionen des Saarbergbaus, **Schacht IV,** den der Volksmund nur „Weißer Riese" nennt. Das stolze Fördergerüst des Verbundbergwerkes Göttelborn/Reden galt bei seiner Fertigstellung 1994 mit einer Höhe von 87 Metern als eine der größten und modernsten Schachtanlagen Europas. Rund 500 Millionen Mark flossen in das gigantische Vorzeigeprojekt, das für 220 Millionen Tonnen abbauwürdige Kohlevorräte aus den Feldern Göttelborn, Reden und dem Reservefeld Camphausen gedacht war, aber nie sein Leistungsvermögen beweisen durfte. Das Ende 1995 umgesetzte Drei-Standorte-Konzept mit Warndt/Luisenthal als Verbundbergwerk West, Göttelborn/Reden als Verbundbergwerk Ost und Ensdorf, einer Belegschaft von 15.000 und einer Förderung von 8,2 Millionen Tonnen scheiterte 15 Monate später auf energiepolitischer Ebene. Der „Kohlekompromiss" vom März 1997 besiegelte das Ende von Göttelborn/Reden im Jahr 2000. Das nutzlose Bauwerk der Superlative und den Stopp des traditionsreichen Abbaus im Ostrevier empfinden heute noch viele Bergleute als Fehlentscheidung.

Die **Grube Ensdorf** war trotz der schweren Erderschütterung vom Februar 2008, die das vorzeitige Ende des Saarbergbaus 2012 einläutete, seit den 1970er-Jahren eine der produktivsten Anlagen des westeuropäischen Steinkohlenbergbaus. Mit knapp 4.000 Beschäftigten erwirtschaftete das spätere Bergwerk Saar 2006 einen Umsatz von rund 517 Millionen Euro. 2007 betrug die verwertbare Förderung rund 3,5 Millionen Tonnen Flammkohle. Die Tagesförderung lag bei durchschnittlich 14.400 Tonnen. Die Untertageleistung erreichte somit das Doppelte des europäischen Durchschnitts. In diesem Fall lag man früh goldrichtig. Die preußische Bergverwaltung ließ bereits 1826 den ersten Tagesschacht Schwalbach abteufen. Damit ging der aktive Steinkohlenbergbau insgesamt 186 Jahre in der Region um.

Anlage Duhamel in Ensdorf, 2012.

Frühere Grube Göttelborn mit Schacht IV (2020).

Ruine des Grubenbahnhofs Consolid. Nordfeld.

42 Mutige Froschmänner in dunkler Tiefe
Nur an der Saar gab es Tauchstaffeln

„Da gehen wir nicht runter!“: Die Reaktion der vermeintlichen Profis war deutlich. Die Berufstaucher sollten 1966 am Dilsburgschacht in einen schwankenden Kübel steigen, um den Schachtsumpf unter Tage zu erkunden. Diese Aufgabe übernahmen dann Tauchsportler der Grubenwehr – die Tauchstaffel Saar war geboren.

Bis heute sorgt die Story der ängstlichen Berufstaucher für Heiterkeit, wenn vom ersten Tauchereinsatz im Saarbergbau nach dem Zweiten Weltkrieg die Rede ist. „Keine zehn Pferde hätten diese Froschmänner in das stählerne Ungetüm gebracht“, lacht der frühere Leiter der Hauptrettungsstelle Friedrichsthal, Max Rolshoven. Grubenwehrführer Horst Trenz und Grubenwehrmann Werner Geiger hießen die beiden mutigen Bergleute, die vor fast 60 Jahren nach der Absage der Profis in eigener Tauchermontur am Dilsburgschacht (Heusweiler) im Kübel in die Tiefe fuhren. Das ungewöhnliche Hobby Tauchen pflegten sie nur in einer privaten Sportgruppe. Die Premiere war jedoch ein voller Erfolg, und so entschloss man sich bei der damaligen Saarbergwerke AG, Wehrleute speziell für Taucheinsätze unter und über Tage auszubilden. Schon ein Jahr nach der Pioniertat 1966 ging es los mit den „Azubis“. Interessierte Grubenwehrmitglieder konnten sich freiwillig melden. Erfahrene Taucher nahmen die „Neuen“ dann unter ihre Fittiche.

Tauchen im Bergbau oder in verwandten Branchen ist eine echte Herausforderung. Im Gegensatz zum Tauchen in offenen Gewässern können Einsätze in Grubenbetrieben unter Tage oder in Anlagen über Tage nur von bestens ausgebildeten und bergmännisch erfahrenen Froschmännern bewältigt werden. Oft fehlt die Sicht, freies Auftauchen ist unmöglich, es kann sehr eng zugehen. Erst nach sechs Monaten intensiver theoretischer und vor allem praktischer Schulung mit bestandener Prüfung durften die Grubenwehrleute in das Taucher-Bereitschaftsteam der Hauptrettungsstelle Saar aufrücken. Man organisierte die 24-Stunden-Bereitschaft so, dass ständig ein kompletter Tauchtrupp zur Verfügung stand. Solch ein Trupp bestand aus einem Taucher, einem Reservetaucher und einem Signalmann. Er ist ebenfalls Taucher und hält den Kontakt zu seinen Kollegen unter Wasser mit einer Signalleine.

Etwa ein Drittel der Grubenwehrleute konnten mit Tauchgeräten und Flossen umgehen. Diese Gruppe war schon eine Elite. Denn die Enge und Dunkelheit, der Zeitdruck sowie der psychische Stress bei Einsätzen, die über Leben und Tod von Kameraden entscheiden konnten, stellten höchste Anforderungen. Solche Situationen ergaben sich zum Beispiel, wenn Wassereinbrüche die Bergleute von den Frischwettern abschnitten. Oder wenn Betriebsstörungen in der Wasserhaltung den Einsatz von Spezialwerkzeugen notwendig machten. In beiden Fällen rückten die Froschmänner mit einem eigenen Einsatzwagen aus. Darin

Premiere der Taucher in der Grube Dilsburg mit Kübel 1966.

befanden sich Trocken- und Nasstauchanzüge, Tauchertelefone, Werkzeuge und Maschinen für Unterwasserarbeiten, sogar ein Schlauchboot mit Außenbordmotor. Die Männer trainierten in Übungsbecken auch das Retten und Bergen von Verunglückten. Sie konnten unter Wasser brennen oder schweißen. Hunderte Einsätze führten sie in die Becken von Kraftwerken, in Absinkweiher, Gasometer und Klärbecken.

Spektakulär waren die Folgen eines beschädigten Rohres 1992 in einer Bandstrecke des Bergwerks Warndt. 32 Grad warmes Wasser stieg bis 80 Zentimeter unter die Firste. 40 Meter mussten die Froschmänner bis zum Einsatzort zurücklegen. In mehreren Tauchgängen gelang es schließlich, mithilfe eines Hebekissens das defekte Rohr abzudichten. Schon nach kurzer Zeit konnte der Streb wieder belegt werden. Ein anderes Mal dichteten die Männer mit Sandsäcken ein Leck in einer Staustufe ab, das sämtliche Baumaschinen einer Großbaustelle in der Nähe unter Wasser zu setzen drohte. Oder die Tauchstaffel ging bei Dreharbeiten des SR für den „Tatort" ins Wasser: Ein Auto stürzte in hohem Bogen in die Saar. Die schwimmenden Grubenwehrleute sorgten dafür, dass der Stuntman heil wieder aus dem Wagen kam. 2016 musste die Tauchstaffel Saar aufgegeben werden.

43 Weltweit beachteter Fund
Urzeitechsen im Saarkarbon

Der Aufmerksamkeit eines Steigers ist es zu verdanken, dass 1961 Abdrücke von vierfüßigen Sauriern im Saarkarbon dokumentiert wurden. Es waren die ersten Spuren von Landwirbeltieren vor über 300 Millionen Jahren. Heute spielen die 2021 digitalisierten Fotoaufnahmen aus dem RAG-Archiv Saar eine wichtige Rolle in der weltweiten Urzeitforschung.

Als Steiger Werner Weber am 8. Februar 1961 in der Grube Heinitz-Dechen unterhalb der siebten Sohle (- 320 Meter) das Hangende überprüfte, stutzte er. Eigenartige handgroße Abdrücke in einer Doppelreihe erinnerten den Bergmann an Tierfährten. Sogleich informierte er seinen Betriebsführer, und die Geologische Abteilung der Bergschule Saarbrücken unter Markscheider Weingardt rückte an. Nähere Untersuchungen bestätigten dann den Sensationsfund: Zum ersten Mal waren Spuren vierfüßiger Landwirbeltiere aus dem Saarkarbon vor über 300 Millionen Jahren entdeckt worden. Werkfotograf Müller eilte hinzu und fertigte unter schwierigen Bedingungen unter Tage exzellente Aufnahmen an. Nur fünf kleine Originalplatten mit insgesamt 20 Trittsiegeln konnten damals geborgen werden. Heute zählen diese Funde zu den bedeutendsten karbonischen Wirbeltierfährten weltweit.

Dr. Sebastian Voigt, Leiter des Urweltmuseums Geoskop in Thallichtenberg (Pfalz), forscht auf diesem Gebiet. Aktuelle Funde von Saurierskeletten in der Nähe seines Museums in Kusel führten ihn 2021 wieder zu den Originalaufnahmen der Saarbergwerke AG von 1961. Zuerst war er in mehreren Institutionen und Museen erfolglos, dann wandte er sich an das RAG-Archiv Saar. Dort konnte ihm der Autor dieses Buches nicht nur die Berichte aus der Werkszeitschrift „Schacht und Heim“ beschaffen, sondern auch die etwa hundert Originalnegative vom Februar 1961 in außergewöhnlich guter Qualität. Sie wurden allesamt digitalisiert. Mit den Daten können nicht nur Parallelen zu den neuen Funden in Kusel gezogen werden. Sie dienen auch authentischen 3-D-Simulationen oder Präparatoren als Anschauungsmaterial aus der Urzeit.

„Die Entdeckung des Grubensteigers Weber 1961 ist aus mehreren Gründen als außerordentlich bedeutsam einzustufen“, bestätigt Dr. Voigt. „Es handelt sich zum einen um den ersten Nachweis von versteinerten Trittsiegeln vierfüßiger Landwirbeltiere im Saarkarbon. Es war darüber hinaus erst der zweite Nachweis versteinerter Trittsiegel vierfüßiger Landwirbeltiere im Saar-Nahe-Becken. Den Erstnachweis gab es 1926 im Rotliegenden bei Nierstein. Und es ist der zweitälteste Nachweis von Saurierspuren in Deutschland gewesen. Die ältesten stammen aus dem Ruhrkarbon, entdeckt 1923 und 1957, sie sind etwa 315 Millionen Jahre alt. Auf der Grube Reden gab es ein Jahr später ähnliche Funde.“ Sein Fazit: „Zusammengenommen bilden die

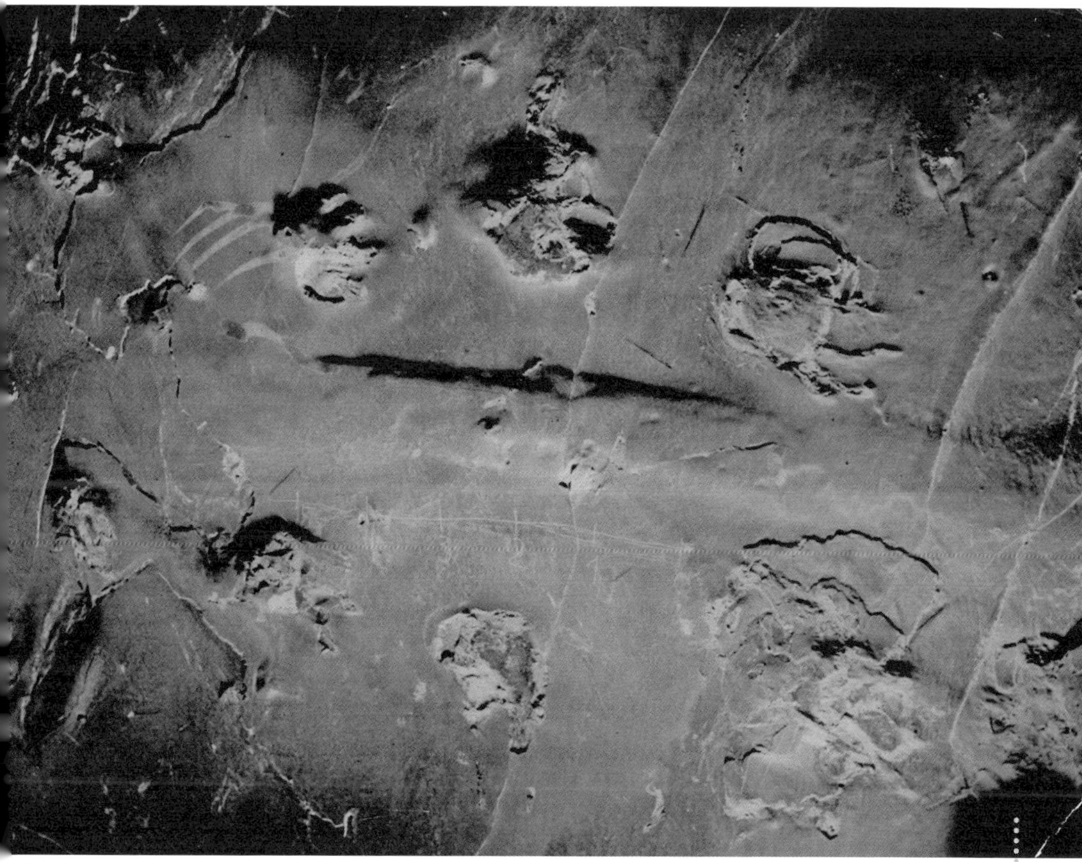

Die Tierfährten unter Tage, 1961.

Saarkarbon-Fährten quantitativ eines der bedeutendsten Vorkommen karbonischer Wirbeltierfährten der Welt."

Bis heute seien die versteinerten Tierspuren aus dem Saarkarbon so bedeutsam, weil es sich um Fossilien aus der evolutiven Übergangszeit von den Amphibien zu den Reptilien handelt. „Wir gehen heute davon aus, dass sich die Reptilien vor etwa 320 Millionen Jahren entwickelt haben. Die ältesten Reptilien, die wir in Form von Knochen und Spuren kennen, sind rund 30 Zentimeter große Echsen. Unter den Saarkarbon-Tierfährten gibt es aber Trittsiegel von frühen Reptilien, die alleine schon 30 Zentimeter Länge messen. Dass es solche großwüchsigen Reptilien schon damals gab, kann man nur anhand dieser versteinerten Spuren belegen. Aus dieser Zeit gibt es bis heute keine Knochenfossilien derartig großer Vierfüßer."

Nahezu die gesamte heute noch verfügbare Information zu diesem bedeutenden erdgeschichtlichen Dokument beruhe auf der fotografischen Dokumentation. Ohne die Fotos des RAG-Archiv Saar wäre eine moderne Bearbeitung der Funde so gut wie ausgeschlossen. „Wir wollen insbesondere versuchen, anhand der historischen Aufnahmen photogrammetrische Modelle der Fährten zu erzeugen. Wenn das gelingt, könnten wir mit 3-D-Drucken Repliken der fossilen Fährten herzustellen. Es unterstreicht einmal mehr, wie wichtig Archive sind", so Dr. Voigt.

44 Unter Tage wiederentdeckt
Die verschollene Zeitkapsel von 1975

Zuerst trauten sie sich nicht, das seltsame Fundstück unter Tage zu öffnen. Was die Bergleute dann aber bei Rückzugsarbeiten 2023 in Händen hielten, war eine kleine Sensation: Sie fanden eine fast 50 Jahre alte Zeitkapsel von der Grundsteinlegung des Barbarastollens, gefüllt mit interessanten Dokumenten.

Tagesanlage Duhamel der Grube Ensdorf, 21. August 1975: Auch Saarlands damaliger Ministerpräsident Franz-Josef Röder ist unter den Ehrengästen bei der Grundsteinlegung des Barbarastollens. Eine Zeitkapsel, gefüllt mit einer schmuckvollen Urkunde, der aktuellen Ausgabe der „Saarbrücker Zeitung" und der Werkszeitschrift „Saarberg" sowie einem Organigramm der Verantwortlichen aus dem Bergbau, wird feierlich verschlossen. 1978 geht der 3.500 Meter lange Schrägschacht nach drei Jahren Bauzeit und einer Investition von 50 Millionen Mark schließlich offiziell in Betrieb. Er steigert die tägliche Förderung der Grube Ensdorf auf über 10.000 Tonnen Kohle.

Fast 50 Jahre später taucht die Zeitkapsel bei Rückzugsarbeiten wieder auf. Der Barbarastollen wird verschlossen, die Barbarastatue gesichert. Ganz in der Nähe befindet sich die graue Kapsel aus Kunststoff mit den Zeitdokumenten. Besonders eindrucksvoll ist ein Fotoabzug der von Röder unterzeichneten, über einen Meter langen Urkunde. Das handgefertigte Original blieb über Tage. Eine gute Entscheidung, denn die Feuchtigkeit setzte den Dokumenten in fünf Jahrzehnten unter Tage doch mächtig zu. „Begründet durch die Tatsache, dass die Grube Ensdorf über das Ende dieses Jahrhunderts hinaus ein wichtiger Energie- und Rohstofflieferant sein wird, hat man hier erstmalig die Entscheidung getroffen, von Tage aus – statt wie bisher einen seigeren Schacht zu teufen – einen Schrägschacht bis zur Fördersohle aufzufahren", heißt es da in kunstvoller Schrift auf der Urkunde. „Der neue Schrägschacht wird durch seine ausreichende Förderkapazität langfristig zur wirtschaftlichen Gestaltung und damit zur Sicherung der Arbeitsplätze auf der Grube Ensdorf beitragen." Zudem wurde der Schrägschacht auf den Namen der Schutzpatronin der Bergleute „durch die erstgeborene Tochter des Bergwerksdirektors Moritz Rauber, Fräulein Barbara Rauber, mit einer Flasche Ensdorfer Sonnenflöz" getauft. Hierzu hatte Rauber einen kleinen Weinberg auf der Halde anlegen lassen, den es heute noch gibt.

Interessant auch die Schlagzeilen von damals: Die „Saarbrücker Zeitung" vom 21. August 1975 nahm den „Schrägschacht in Ensdorf" samt Skizze auf den Titel. Liest man die Angebote der Supermärkte von damals, kommt Wehmut auf: Ein Ring Lyoner kostete 2,95 Mark, ein Kasten Bier 8,90 Mark, ein Kilogramm Bananen ganze 98 Pfennige.

„Es lohnt sich wieder, im Bergbau tätig zu sein", unterstrich Ministerpräsident Röder nach einer Grubenfahrt auf Ensdorf

Der Inhalt der Zeitkapsel (links) mit Tageszeitung, Urkundenrolle und Werkszeitschrift „Saarberg" vom August 1975.

1975 im Mitarbeitermagazin „Saarberg". Er versuchte sich auf dem Titel der Werkszeitschrift als Fördermaschinist, versicherte dem Saarbergbau die Unterstützung durch die Landesregierung. Ensdorf sei eine der modernsten Anlagen Europas, das Geld des Landes und des Bundes gut angelegt, betonte Röder vor der Belegschaft. Ihn beeindruckte die Untertageleistung pro Mann und Schicht von über sechs Tonnen und die beste Gewinnungsmaschine des deutschen Steinkohlenbergbaus. Der Saarberg-Konzern besaß damals 29.000 Beschäftigte.

Die Erwartungen, die man in das innovative Projekt Schrägschacht setzte, erfüllten sich: Die Grube Ensdorf zählte zu den produktivsten Betrieben im Saarland. Ihre Edelflammkohle wurde in den 1980er-Jahren im nahen Steinkohlekraftwerk eingesetzt und nach Frankreich geliefert. Mit der Einstellung der Förderung Mitte 2012 zog Ensdorf als letzte Grube den Schlussstrich unter den saarländischen Steinkohlenbergbau. Die Zeitkapsel von 1975 ist heute in der RAG-Repräsentanz, einer früheren Maschinenhalle, ausgestellt.

45 Ohne Licht ein armer Wicht
Das Geleucht des Saarbergmanns

Der Kienspan aus Kiefer oder Fichte gilt als erste Lichtquelle im Bergbau der Stein- und Bronzezeit. Für die Arbeit unter Tage unverzichtbar, war das offene Geleucht lange Zeit eine große Gefahrenquelle. Auch das Saarrevier prägte ein langer Weg vom Frosch bis zur elektrischen Grubenlampe.

In einem deutschen Sprichwort heißt es: „Ein Bergmann ohne Licht ist ein armer Wicht." Das ist wohl wahr, denn unter Tage ist es so nicht möglich, taubes Gestein von dem Bodenschatz zu unterscheiden, nach dem man gerade gräbt. Die Geschichte des bergmännischen Geleuchtes ist faszinierend und mannigfaltig. Englische und deutsche Erfinder forcierten seine Entwicklung.

An der Saar war nach dem harzigen Holzscheit Kienspan vermutlich das Dochtgeleucht der Römer aus Ton mit Pflanzenöl oder tierischem Fett im Einsatz. Dann folgte der Westfälische Frosch aus Eisen oder Messing, gefüllt mit Öl, samt Haken zur Befestigung. Den Namen verdankt dieses Geleucht seiner dickbauchigen Form. Schließlich trug man Blenden mit Öl oder Kerzen um den Hals. Im 17. Jahrhundert wurden erstmals Schlagwetter erwähnt. Kanarienvögel als Gaswarner hatten nur Erfolg bei matten Wettern, weniger bei brennbaren Gasen. Eine Sicherheitslampe musste her.

Die Engländer Davy und Faraday erkannten um 1816, dass sich ein hochexplosives Methan-Luft-Gemisch in engen Röhren unter 3,5 Millimeter Durchmesser nicht mehr entzündet. Im Drahtnetz seiner Lampe kontrollierte der Bergmann nun anhand der Größe des blauen „Hütchens" auf der Flamme das eindringende Methan. Preußische Markscheider setzten die Davylampe mit Rüböl noch um die Jahrhundertwende im Saarbergbau ein. Der Drahtkorb gab aber im Lauf der Schicht wegen des Rußes immer weniger Licht ab. So ersetzte der Erfinder Clanny den unteren Teil des Korbes 1839 durch einen Glaszylinder. Feuerfestes Jenaer Glas folgte, bis Carl Wolf aus Zwickau 1884 die erste Benzinlampe mit Benzinbrand, Innenzündvorrichtung und Magnetverschluss patentierte. Sie war sicherer und heller, zeigte Gase und Wetter im Flammenbild an: ein riesiger Fortschritt. Die bahnbrechenden Innovationen machten die Firma Friemann & Wolf zu einem „Global Player". Dennoch verursachten unsachgemäße Handhabung und zerbrochene Glaszylinder weiter schwere Unfälle. Nur ein Geleucht ohne offene Flamme war die Lösung.

Im frühen 20. Jahrhundert eroberten die ersten elektrischen Grubenlampen mit wiederaufladbaren Akkumulatoren die Branche. Ab 1921 wurde die elektrische Grubenlampe auf deutschen Schlagwettergruben eingeführt. Die französische „Arras" war die erste elektrische Mannschaftslampe im Saarbergbau. Es gab sie mit Bleiakkumulator oder als Benzinwetterlampe mit elektrischer Zündvorrichtung. Den schweren Handscheinwerfern und kompakten Handlampen folgten

Rückgabe von Akkulampen durch Jungbergleute auf Grube Reden 1957. Mit Grubenlampen oder Kopfleuchten konnte man unter Tage auch Signale geben.

dann auch die Kopflampen mit anfänglich 2 Kilogramm schwerem Akku und 13 Stunden Leuchtdauer. 1966 verfügte die Saarbergwerke AG noch über 28.000 „Oldham-Arras"-Kopflampen und 2.500 „Arras"-Benzinlampen aus Nordfrankreich. In Lampenkauen oder Lampenstuben wurden sie gewartet und geladen. Jeder Bergmann besitzt seine eigene Grubenlampe mit Nummer, kann Nah- und Fernlicht einschalten. Heute hat die LED-Technik Einzug gehalten.

Viele Bergleute sammeln nicht nur Grubenlampen, sie reparieren sie und präsentieren sie mit brennender Flamme zu festlichen Anlässen wie Gottesdiensten, Trauer-, Barbara- und Jubilarfeiern. Besonders begehrt sind „gefahrene", also benutzte Exemplare mit Patina.

Die Grubenlampe ist nicht nur ein Leuchtmittel. Sie ist Symbol eines Berufsstandes. Auf der Halde Rheinpreußen bei Moers am Niederrhein steht ein riesiges Monument für sie mit 30 Metern Höhe. In einer Grubenlampe brachte man das olympische Feuer 1952 mit dem Flugzeug von Griechenland nach Helsinki. Eine Grubenlampe brachte den deutschen Christen das „Licht aus Bethlehem", diente als Geschenk der saarländischen Fußballnationalmannschaft. Ein stolzer Löwe trägt eine Grubenlampe im Wappen der Stadt Friedrichsthal.

46 Eine Bergmannstracht gab es nie
Preußen befahlen Uniformen

Oft ist bei Festumzügen die Rede von der „Bergmannstracht" der Saarbergleute. Es handelt sich jedoch nicht um eine zweckmäßige Berufskleidung zur täglichen Arbeit, sondern um eine repräsentative Uniform. Die Preußen verpflichteten die Bergleute, sie zu tragen.

Dem Ingenieur und Heimatforscher Karl Heinz Ruth verdankt der Saarbergbau bedeutende Publikationen. Der Autor lernte ihn noch kennen und begleitete seine interessanten Beiträge wie die Serie „Stollen und Schächte". In seinem Buch „Bergmannsuniformen an der Saar" von 1986 schreibt Ruth: „Der Steinkohlenbergmann konnte nie eine Tracht sein Eigen nennen wie der Erzbergmann in Sachsen … Im preußischen Bergbau wurde eine Uniform aufoktroyiert, der neben der Vereinheitlichung in der Bekleidung auch große erzieherische Bedeutung beigemessen wurde." Die heutigen Knappenuniformen an der Saar besitzen demnach eine lange Vorgeschichte.

Die farbenfrohe Schautracht oder das prachtvolle Berghabit auf Gemälden des 18. Jahrhunderts war höheren Beamten oder Adeligen vorbehalten. Früh war den Preußen jedoch bewusst, welchen Eindruck eine einheitliche, den Soldaten nachempfundene Bergmannsuniform machen könnte. Generalbergkommissar Friedrich Anton von Heinitz, Minister des Berg- und Hüttenwesens in Preußen, kündigte schon 1766 eine „Trachtenreform" an. Er wollte mit bezahlbaren Berghabits auch für „untere Klassen" bei der „zivilen Volksschicht" für den Bergbau werben. Seine Reform scheiterte. Erst 90 Jahre später, 1856, wurde vom Königlichen Oberbergamt Dortmund das detailreiche Reglement für Dienst- und Staatsuniformen in preußischen Revieren vorgeschrieben. Dazu gehörten dunkle „Beinkleider" und schwarze Schuhe, Gürtel mit Koppel, zweireihig geknöpfte Gehröcke mit Epauletten und bestickten Stehkragen sowie Schachthüte mit Adleremblem, dazu Degen oder Säbel. „Puffjacken" trugen Beamte bis zum Obersteiger. Sie waren mit Fransen an den Ärmeln, goldenen Knöpfen mit Schlägel und Eisen sowie Stickereien und Kordeln aufwändiger gearbeitet als die schlichten Bergkittel.

Die Figuren des Kohlen- und Gesteinshauers an der Südfront der Königlich Preußischen Bergwerkdirektion in Saarbrücken von 1880 sollen Arbeitskleidung zeigen, sind aber eher Vorgänger der heutigen Knappenuniformen. Betrachtet man fast 30 Jahre spätere Fotografien oder Denkmäler wie jenes zum Grubenunglück in Reden 1907, wird der Eindruck bestätigt. Der einfache Bergmann trug zu offiziellen Anlässen nur Schaftstiefel und Hose, ein weißes Hemd, Ledergürtel mit Koppel, eine Weste und eine dunkle Jacke, ein weißes Halstuch und eine Mütze mit einem kleinen Schirm, die so genannte Bergmütze. Zum Teil waren Bergmütze oder Bergkittel zu Bergfesten sogar vorgeschrieben wie 1902 oder 1910. Der hochwerti-

Steiger W. Hoppstätter aus der Achenbach-Serie 1878.

gere Bergkittel mit goldenen Knöpfen, Schachthut und Säbel blieb den Werksbeamten vorbehalten. Die Studenten der Königlichen Bergschule Saarbrücken bildeten da eine Ausnahme. Sie traten gerne mit schmuckem Bergkittel und Bergmütze auf – sie konnten es sich wohl auch leisten. Über Knappenvereine, Bergkapellen und Gesangsvereine gelangte die „Uniform des gemeinen Mannes" zu großer Verbreitung. Deutsche wie französische Bergbaubetreiber subventionierten sie zudem aus Prestigegründen.

Zur Symbolik: Das Schwarz der Bergkittel steht für die Dunkelheit. Der Schulterkragen oder Pelerine erinnert an die weiße Gugeltracht mit Kapuze aus dem Mittelalter. Die Farben des Federbuschs am „Tschako", wie die Saarländer sagen, unterscheiden die Hierarchieebenen. Die Dirigenten, Vorsitzenden oder Präsidenten tragen eine andere Farbe als die einfachen Mitglieder. Federn wurden ursprünglich zum Reinigen von Sprenglöchern genutzt. Die Fransen am Ärmel sollen Zündschnüre darstellen. Die Anzahl der Knöpfe (29) steht für das Alter der Märtyrerin St. Barbara, das Gold für die Sonne. Der Ehrenhäckel ist dem Steigerstock nachempfunden. Er diente unter Tage als Gehstock und zum Abklopfen der Standfestigkeit des Gebirges.

47 Rauchen war strengstens verboten

Vom Priemen und Schnupfen

Wegen der Explosionsgefahr ist es Bergleuten strengstens verboten, unter Tage zu rauchen. Rauchlose Ersatzdrogen für Nikotin sind der Kautabak zum Priemen und der Schnupftabak, der in Pulverform vom Handrücken in die Nase gezogen wird. Es gibt nur noch wenige Hersteller.

Wenn ein Bergmann seinem Arbeitskameraden ein Stück Rolltabak oder eine Prise anbietet, ist das ein Zeichen besonderer Wertschätzung. Als Nikotinersatz besitzen beide Produkte eine lange Tradition und waren in den Revieren weit verbreitet. Heute gibt es nur noch sehr wenige deutsche Hersteller, die weitere Berufe mit Rauchverbot beliefern wie die chemische Industrie oder die Schifffahrt.

Der Schnupftabak gilt als ältestes Tabakkonsumgut der Welt und ist auch in Asien, Afrika und Amerika bekannt. Seit 400 Jahren werden die „erfrischenden Prisen" in Europa genommen. Der Schnupftabak war lange Zeit nicht nur Bergleuten vorbehalten, sondern auch französischen Aristokraten, sogar den Damen des Hofes als „poudre de la reine" (Puder der Königin, gemeint war Katharina von Medici). Ältester deutscher Hersteller ist die Firma Bernard in Offenbach, gegründet 1733, Marktführer die Tabakfabrik Pöschl im bayerischen Landshut. Die größte Schnupftabakfabrik Europas verkauft weltweit über 19 Millionen Packungen „Snuff" im Jahr. Im Bergbau sind die Marken Gletscher Prise und Gawith Snuff, mit Pfefferminzöl oder Menthol angereichert, sehr beliebt. Die Dosen aus Blech oder Kunststoff führte jede Kaffeeküche und jeder Laden in Grubennähe. Höhere Beamte füllten das Tabakpulver in versilberte Fläschchen oder Dosen. Der „Alte Fritz" (Friedrich II.) soll trotz seiner sprichwörtlichen Sparsamkeit 1.500 solcher Stücke gesammelt haben.

Wenn vom „Rolles" die Rede ist, meint man an der Saar den Rolltabak. Den nahm der Bergmann in einer kleinen Nylontüte mit zur Schicht. So blieb der Tabak lange feucht. Mit dem „Sackmesser" schnitt der Bergmann von der Schnecke ein kleines Stück ab und steckte es in die Backentasche. Über die Mundschleimhaut gelangt das nach dem Franzosen Jean Nicot

Priemende Bergleute, vermutlich 1920er-Jahre.

Schnupfende Bergleute 2012.

benannte Nikotin dann in den Körper. Die Rolltabake werden in Soßen gelegt und mit verschiedenen Aromen angeboten wie Pflaume, Rosinen, Zimt oder Wacholder. Wer Kautabak regelmäßig nahm, legte ihn jedoch oft selbst ein und hatte für die Soße seine eigene „Rezeptur". Manch ein Bergmann entwickelte eine hohe Kunstfertigkeit beim Ausspucken der braunen Masse. In den Bahnen unter Tage oder den Zügen, mit denen die Bergleute zur Grube fuhren, sorgte diese Unsitte oft für Ärger mit den Vorgesetzten, dem Schaffner oder anderen Fahrgästen. Später wurde das Priemen in den Kulibahnen und Zugabteilen verboten. Den „Dilsburger Kautabak" stellte die saarländische Tabak- und Zigarrenmanufaktur Hermann Neu her. Neu rühmte sein Produkt in Anzeigen als „durststillend, desinfizierend und gesundheitsfördernd".

Nach einer Studie von Allensbach 1950 griffen 88 Prozent der deutschen Männer zur Zigarette, bei den Frauen 21 Prozent. Im Saarland war der Konsum mit 1.200 Zigaretten im Vergleich zum Bund mit 500 Stück besonders hoch. In Spitzenzeiten gab es im Saarland 16 Fabriken, die ohne Importzölle sehr günstige Zigaretten oder Zigarren anboten. Jyldis in Saarlouis produzierte Marken wie Lasso, Halbe Fünf, Oakland, Türkis, Imperial oder Amba. Polo und Pilot ohne Filter kamen von Polo aus Merzig, ebenso wie Roth-Füchsel von der Firma Fuchs. St. Wendel stand für Marschall, Homburg für Bali. Mit dem „Tag X" (1959) kam die Mark und das Tabakmonopol wurde abgeschafft. Am längsten überlebte Jyldis. Das Werk produzierte noch bis 1985.

Sicherlich besitzt das Priemen und Schnupfen wie das Zigarettenrauchen eine soziale Komponente. Es stärkt das Zusammengehörigkeitsgefühl, gibt den Konsumenten eine Gruppenidentität, schafft Vertraulichkeit. Andererseits macht anhaltender Konsum von Nikotin süchtig, verursacht Krebs und führte gemeinsam mit der „Staublunge" (Silikose) lange Zeit zu schweren Erkrankungen bei den Bergleuten.

48 Lange Schlange die Halde hinauf
Hightech mit dem Pipe Conveyor

Als das Bergwerk Ensdorf 1990 den sogenannten Pipe Conveyor zum Transport von Waschbergen auf der Halde in Betrieb nahm, war diese Technik einzigartig in Deutschland. Als Lizenznehmer der Japan Pipe Conveyor übernahm die saarländische Firma Koch den Auftrag. Die clevere Konstruktion lief über zwanzig Jahre.

Der Pipe Conveyor war ein besonders innovativer Rohrgurtförderer. Bei der Inbetriebnahme 1990 war diese kurvengängige Spezialkonstruktion die erste ihrer Art in Deutschland. Das Prinzip: Ein endlos laufender Gummischlauch mit 50 Zentimetern Durchmesser, umgeben von sechs Bandrollen, nimmt das Bergematerial als Abfallprodukt der Steinkohlegewinnung in der Aufbereitung am Haldenfuß auf und transportiert es über 361 Meter hoch hinauf bis zum Haldenkopf. Der Schlauch lässt sich zum Be- und Entladen öffnen. Oben angekommen, übergibt eine drehbare Schurre die Berge auf ein rückbares Band. Von dort gelangen sie über eine 17 Meter lange Zwischenbrücke zum Absetzer.

Noch bis 1985 beförderte das Bergwerk Ensdorf seine Waschberge mit dem üblichen Schrägaufzug auf die Halde. Dann kam diese bewährte Technik in die Jahre. Die Ausfallzeiten häuften sich. Darüber hinaus war der Schrägaufzug der gestiegenen Förderleistung des Bergwerks nicht mehr gewachsen. Zum Übergang fuhr man nun das Bergematerial mit Lastkraftwagen nach oben. Eine überaus kostspielige Angelegenheit, verbunden mit Lärm, Staub und Abgasen. Die Ingenieure setzten sich zusammen und klopften verschiedene Lösungsmöglichkeiten ab. Ein neuer Schrägaufzug? Die veränderte Haldenschüttung, die geringe Kapazität und die enormen Kosten für den Neubau sprachen dagegen. Lkw? Die fielen sofort heraus – zu teuer, zu laut, ein Nachtbetrieb war ausgeschlossen, ein Zwischenbunker hätte errichtet werden müssen. Die dritte Möglichkeit: konventionelle Bandförderung. Aber auch hier: zu geringes Steigvermögen, Staubprobleme bei Wind und offenem Band, mehrere hintereinander laufende Bandanlagen wären notwendig geworden. Gestrichen. Variante vier überzeugte schließlich wirtschaftlich und technisch: der Pipe Conveyor. Er hatte neben seiner Flexibilität noch weitere Vorteile. Der hochmoderne Förderer war umweltschonend, robust, benötigte einen geringen Personalaufwand und konnte rund um die Uhr laufen. Die Entscheidung fiel nicht schwer. So ein Schlauch musste her.

Für 8,5 Millionen Mark machte sich dann die saarländische Firma Koch auf der Halde ans Werk. Dazu nutzte man die Trasse des alten Schrägaufzuges. Kein Problem für den kurvengängigen Schlauch. Sein cleveres Bauprinzip schaffte auch mühelos die erforderliche Steigleistung. Die schlanke Röhre drückt die Berge nämlich so fest zusammen, dass sie durch die innere Reibung am

Der Pipe Conveyor im Einsatz 1993.

Abrutschen gehindert werden. Mit der Installation der „langen Schlange“ wurde gerade einmal ein Mann pro Schicht zur Überwachung notwendig. Er saß im Leitstand am Fuß des Rohrgurtförderers und steuerte die Technik. Die neue Förderung lief nun im Drei-Schicht-Betrieb Tag und Nacht. Die Anschaffung bewährte sich auf ganzer Linie. Das Bergwerk Ensdorf und spätere Bergwerk Saar nutzte die Aufsehen erregende und weithin sichtbare Fördertechnik noch bis zur Einstellung 2012, also über zwanzig Jahre. Danach wurde die Anlage zurückgebaut.

Heute können Einheimische und Touristen zu festgelegten Abfahrtszeiten einen günstigen „Shuttle-Service“ nutzen. Ab der Repräsentanz der RAG, einer ehemaligen Maschinenenhalle, fährt sie ein bequemer Bus auf das Haldenplateau. Dort wartet das Saarpolygon. Nach 135 Treppenstufen entschädigt ein atemberaubender Rundumblick auf der luftigen Brücke der Landmarke für die Mühen des Aufstiegs.

49 Bergmusik tut Gutes seit 1990
Konzertreihe erspielt 335.000 Euro

Die Russlandhilfe war der erste Spendenempfänger nach dem Großen Benefizkonzert im Dezember 1990 in der Congresshalle Saarbrücken. Bergkapelle und Saarknappenchor hatten spontan einem gemeinsamen Auftritt zugestimmt. Der Vorstand der Saarbergwerke verdoppelte den Erlös. Bisher gab es rekordverdächtige 31 Konzerte.

Das Große Benefizkonzert des Saarknappenchors und der Bergkapelle am Jahresende ist heute eine Institution im Musikkalender des Saarlandes. Seit 1990 gab es 31 dieser herausragenden Konzertabende vor vollem Haus. Dabei kamen Spenden für wohltätige Zwecke in einer Gesamthöhe von 335.000 Euro zusammen. Eine atemberaubende Summe und ein schönes Kompliment zugleich für Sänger und Musiker. Nach über drei Jahrzehnten zählt die Konzertreihe der ehemaligen Saarbergwerke AG zu den erfolgreichsten Benefizveranstaltungen des Saarlandes.

„Anlass des ersten Konzertabends war die Not leidende Bevölkerung in Russland 1990. Spontan erklärten sich die beiden Klangkörper des Saarbergbaus dazu bereit, in der Congresshalle Saarbrücken ein Wohltätigkeitskonzert zu geben. Der Vorstand verdoppelte dann den Erlös. So belief sich der erste Scheck bereits auf über 50.000 Mark“, erinnert sich Hans-Georg Schmitt, der Vorsitzende des Bergmusik an der Saar e.V. In diesem Verein sind beide Musikformationen seit 2016 zusammengeschlossen. „Damals wie heute stehen anspruchsvolle Blasmusik und mehrstimmiger Chorgesang auf hohem Niveau im Vordergrund. Das Programm ist bunt gemischt und bietet mit Weihnachtsliedern, Gospels, bergmännischer Literatur, Musicalmelodien, klassischen sowie modernen Arrangements für jeden Geschmack etwas. Den krönenden Abschluss bildet stets der Steigermarsch, den das gesamte Publikum begeistert mitsingt. Daran hat sich auch nach über drei Jahrzehnten nichts geändert. Und das lieben die Gäste“, so Schmitt. Zu den engagierten Befürwortern der Reihe gehörte auch der damalige Arbeitsdirektor der Saarbergwerke AG, Klaus Hüls. Er zählt heute noch zu den Ehrengästen des Konzertabends und reist dafür eigens aus Nordrhein-Westfalen an.

Im Februar 2023 war es wieder so weit. Barbara Klein vom Hospiz Emmaus

Bergkapelle und Saarknappenchor in der Congresshalle Saarbrücken 2013.

Scheckübergabe 2023 mit Hans-Georg Schmitt (3.v.l.).

in St. Wendel nahm freudestrahlend den großen Scheck der Bergmusik an der Saar über 5.000 Euro entgegen. Die Leiterin der Einrichtung für schwerstkranke und sterbende Menschen war selbst im Publikum am 4. Dezember 2022 im E-Werk in Saarbrücken. „Ich schwärme heute noch von diesem wunderbaren Abend. Ein unvergessliches Ereignis. Und das auch noch an meinem Namenstag", meinte sie lachend bei der Spendenübergabe in der Grube Reden, zu der auch Chorleiter Johannes Weiler und Kapellmeister Bernhard Stopp gekommen waren.

Bis zum 31. Dezember 2015 waren Bergkapelle und Saarknappenchor als Werksorchester und Werkschor ein Instrument der Öffentlichkeitsarbeit der RAG im Saarland. Auch nach dem Ende des aktiven Steinkohlenbergbaus an der Saar am 30. Juni 2012 gelten Chor und Orchester heute als lebendiger Beleg der langen und intensiven Industriegeschichte, die das Saarland über Jahrhunderte hinweg geprägt hat. Um dieser Bedeutung auch zukünftig gerecht werden zu können, wurden Bergkapelle und Saarknappenchor zum 1. Januar 2016 in den neuen Trägerverein Bergmusik an der Saar e.V. überführt. Seitdem trägt das Orchester den Namen Bergkapelle Saar und der Chor weiterhin den Namen Saarknappenchor.

Zweck des am 7. Oktober 2015 von der RAG Aktiengesellschaft, der RAG-Stiftung und der Industriegewerkschaft Bergbau, Chemie, Energie (IG BCE) gegründeten gemeinnützigen Vereins ist die Bewahrung des kulturellen Bergbauerbes und insbesondere die Unterhaltung der beiden Klangkörper Bergkapelle Saar und Saarknappenchor. Im Zuge dessen wurde der Bergkapelle auf der Grube Reden ein eigener Proberaum mit optimalen akustischen Bedingungen geschaffen.

50 Außergewöhnliche Stahlkonstruktion
Landmarke Saarpolygon

Die außergewöhnliche Stahlkonstruktion auf der 130 Meter hohen Halde Ensdorf ist weit ins Land hinein zu sehen. Mit ihrem Entwurf gewannen die beiden Berliner Architekten Katja Pfeiffer und Oliver Sachse 2011 einen europaweit ausgeschriebenen Ideenwettbewerb der RAG. Fünf Jahre später stand die Landmarke.

Wenn von einem steinigen Weg bis zum Erreichen eines Ziels die Rede ist, trifft dies ganz sicher auch auf das Saarpolygon zu. Über fünf Jahre dauerte es von der Preisverleihung des Siegerentwurfs 2011 bis zur Eröffnung 2016. Die faszinierende, über das Saarland hinaus bekannte Landmarke ist jedoch tatsächlich zu einem „Symbol für den Wandel der Region" geworden, wie die beiden „Erfinder", die Berliner Architekten Katja Pfeiffer und Oliver Sachse, erläuterten.

Bergehalden bieten außergewöhnlichen Kunstwerken immer wieder eine ideale Bühne. In Nordrhein-Westfalen erfreuen sich Monumente „anne frischen Luft" wie Bunte Totems (Halde Haniel), eine riesige Grubenlampe (Rheinpreußen) oder eine Sonnenuhr (Hoheward), der Tetraeder (Beckstraße) oder eine Achterbahn (Hildebrand-Höhe) großer Beliebtheit. Als das Ende des saarländischen Steinkohlenbergbaus nahte, entstand auch im Saarland der Wunsch nach einem sichtbaren, bleibenden Symbol der Erinnerung. Natürlich waren erste Vorschläge aus der Belegschaft wie eine Grubenlampe oder ein riesiger Helm mit brennender Kopfleuchte schnell formuliert, aber ein Konsens war damit nicht zu erzielen. Die RAG nahm die Ideenfindung deshalb selbst in die Hand und lobte mit professioneller Unterstützung einen europaweiten Wettbewerb aus, der im Januar 2011 startete. Architekten, Ingenieure und Künstler waren dazu aufgerufen, Vor-Ort-Termine mit Interessenten folgten. Eine elfköpfige Jury mit kompetenten wie prominenten Fach- und Sachpreisrichtern prüfte schließlich 147 Vorschläge. Sieben Arbeiten kamen in die engere Auswahl, Pfeiffer und Sachse nahmen Ende Mai in Saarbrücken den Siegerpreis in Empfang. Der Förderverein BergbauErbe Saar wurde im Juni gegründet, um das Bauvorhaben Saarpolygon (griechisch: Vieleck, zudem spezieller Streckenausbau unter Tage) umzusetzen. Vom architektonischen Konzept bis zur Realisierung sollten dann aber mehrere Jahre ins Land gehen. Dies lag an vielen Faktoren. Es galt ein geotechnisches Gutachten für den schwierigen Baugrund zu erstellen, die Halde zu modellieren, noch bestehende maschinelle Einrichtungen zurückzubauen, das Baufeld zu planieren. Die Landmarke sollte zudem in ein gestalterisches Gesamtkonzept mit Informationsstelen und Sitzbänken eingebunden werden.

Anstatt einer freien Vergabe des Baus wird aber wegen neuer Verwaltungsvorschriften 2012 ein öffentlicher Teilnahmewettbewerb notwendig. Die Angebote von fünf Firmen zeigen: Die Kosten sind zu hoch, die Konstruktion muss vereinfacht

Saarpolygon mit Radfahrer 2016.

werden. Statt einer selbsttragenden Stahlgitterkonstruktion ist nun ein klassisches Fachwerk mit verschraubten Walzprofilen und aufliegender Außenhülle die Lösung. Nach fast einem Jahr und einer zweiten Ausschreibung bekommt die Stahlbaufirma Claus Queck GmbH aus Düren schließlich den Zuschlag. Am 18. November 2015 erfolgt der erste Spatenstich, verbunden mit einer weiteren Änderung. Die vorgesehenen Einzelfundamente weichen einer 37 Meter langen und 12 Meter breiten Zerrplatte, verbunden mit zwei mächtigen Fundamentblöcken. Gesamtgewicht: 1.500 Tonnen. Zuvor wurden die erheblichen Finanzmittel in Höhe von inzwischen rund zwei Millionen Euro von RAG und RAG-Stiftung, Regierung des Saarlandes, Bergmannshilfswerk Luisenthal und rund 500 mit dem Bergbau verbundenen Firmen, Institutionen und Privatpersonen zusammengetragen.

Fundament- und Montagearbeiten laufen nun wie geplant, das Interesse der Öffentlichkeit ist groß. Riesige Spezialkräne fügen die Stahlkonstruktion zusammen, der „Brückenhub" am 7. Juni 2016 bildet den krönenden Abschluss. Mit dem Schlagen einer Schachtglocke eröffnet die damalige Ministerpräsidentin Annegret Kramp-Karrenbauer am 17. September das imposante Monument.

51 Kommunikation unterm Schwerlastkran
Die RAG-Repräsentanz auf Duhamel

Der Saarschacht auf der Anlage Duhamel in Ensdorf mit Fördermaschinenhaus und Maschinenhalle wurde 1917 fertiggestellt. Das Ensemble steht unter Denkmalschutz. Seit 2016 übernimmt die schmucke Halle am Eingang als RAG-Repräsentanz eine zentrale Aufgabe bei der Kommunikation in der Nachbergbau-Zeit.

Eigentlich hatte man eine andere Verwendung für die ehemalige Maschinen- und spätere Kompressorenhalle am Standort Duhamel vorgesehen. Sie sollte sich nach der Sanierung komplett in ein Archiv der Markscheiderei verwandeln, also einer Vielzahl von historischen Originalplänen, dem Risswerk, Dokumenten, Ordnern und Büchern Platz bieten. Als letztem Rückzugsort der RAG im Saarland wuchs Duhamel nach dem Ende des aktiven Steinkohlenbergbaus 2012 aber eine neue Bedeutung für die Öffentlichkeitsarbeit zu. Kohle wurde zwar keine mehr gefördert, aber das Bedürfnis der Menschen nach dem Dialog mit dem Bergbau landauf, landab bestand weiterhin. Und die RAG wollte sich weiter mutig den Herausforderungen des Nachbergbaus im Strukturwandel stellen, vom Sanierungsmanagement, der Flächenentwicklung und Renaturierung über die Grubenwasserhaltung bis hin zur Erinnerungskultur. Es wurde überlegt: Wie wäre es denn, die Maschinenhalle umzubauen und einen neuen Ort der Kommunikation für den Nachbergbau im Saarland zu schaffen, mit Foyer, Eventbereich und Dauerausstellung? Im hinteren Trakt wäre dann noch Platz für das neue, moderne Archiv der Markscheiderei, in das auch das Lichtbildarchiv der früheren Saarbergwerke AG einziehen könnte.

Gesagt, getan. Unter der Bauleitung von Obermarkscheider Dr. Axel Schäfer liefen Entkernung und Umbau des Gebäudes. Architektonisch setzte man eine „Inhouse"-Lösung um. Bis auf den Boden blieb die komplette Halle samt Dach erhalten, ein würfelförmiges Stahlskelett mit verglasten Wänden und Decken im Innern bot neue Verwendungsmöglichkeiten mit optimierter Klimatechnik. Um die „RAG-Repräsentanz" als Eingangsbereich sichtbar zu machen, ergänzte an der Vorderseite ein halbrunder Anbau mit Foyer die rechteckige, langgezogene Halle. Fachfirmen traten an und widmeten sich der

Besuchergruppe aus der Bretagne 2022.

RAG-Repräsentanz Ensdorf.

anspruchsvollen Aufgabe. Die Dachziegel und die gläsernen Oberlichter wurden ersetzt, die hohen seitlichen Fenster saniert und ergänzt, ein Spezialboden eingebracht. Der Stahlbau und die wärmeisolierenden Fensterflächen bildeten drei Kuben.

Kubus 3 ist der Eventbereich, der seither vielfältig genutzt wird für Ausstellungen, Versammlungen, Workshops oder Sitzungen. Hier startete auch die beliebte Reihe „Glückauf im Wandel". Bei diesem Format kommen bekannte Politiker, Autoren und Fachleute in einer Talkrunde mit einem Moderator zusammen. Sie beleuchten aktuelle Themen des Nachbergbaus und stellen sich den Fragen des Publikums. Kubus 2 ist der Dauerausstellung „Bergbau – unser Erbe" gewidmet. Sie lässt mit der Konzeption „Orte – Dinge – Menschen" die Nachbergbau-Zeit betrachten. Neben historischen Kurzfilmen laden interaktive Monitore und bewegliche Exponate wie der „Würfel der Nachhaltigkeit" zum Mitmachen ein. Eine begehbare Karte des Saarlands zeigt Orte mit Zeugnissen des früheren Bergbaus, eine Schauwand mit „Touch Table" macht neugierig auf ungewöhnliche Gegenstände und die Geschichten dahinter. Beleuchtete Schnittmodelle erläutern die Grubenwasserpläne, engagierte Frauen und Männer erklären, wie das Saarland der Zukunft aussehen soll und wie sich dafür einsetzen. Über 16.000 Besucherinnen und Besucher haben diese Ausstellung seit 2016 schon gesehen, darunter viele Schulklassen, Vereine, Parteimitglieder und Touristen. Kubus 1 ist der nur Fachleuten zugängliche Bereich mit den Archiven.

2018 erhielt die multimediale Ausstellung der RAG in der Kategorie Reputationsmanagement den Wirtschaftspreis „German Stevie Award" in Gold. 2019 wurden die Arbeiten in der Repräsentanz mit dem „Bundespreis für Handwerk in der Denkmalpflege" herausgestellt. Der Sonderpreis ging an die saarländischen Firmen Schlang in Altenkessel für die Putz- und Malerarbeiten, Welsch in Kleinblittersdorf für den Gussasphalt und Schmitt in Saarbrücken für die Metallarbeiten.

52 Von Topathleten und Ausnahmekickern
Erfolgreiche Sportler aus dem Bergbau

Sportliche Fitness war Voraussetzung für die Einstellung als Jungbergmann im Saarland. Unter französischer wie deutscher Führung. Etliche Spitzensportler hatten zudem bergmännischen Hintergrund. Hier fünf beeindruckende Beispiele aus dem Turnen, der Leichtathletik, dem Fußball und dem Kraftsport.

Im März 2023 war Sportlehrer **Heinz Ostheimer** (92) aus Bexbach der letzte noch lebende Zeitzeuge des saarländischen Olympiateams von 1952. Er wurde für die Turnmannschaft nominiert und trat zum olympischen Zwölfkampf an. Eine Medaille gab es keine, aber die 37 Athleten von der Saar belegten zum Teil beachtliche vordere Plätze. Kurios: Beim Einzug ins Stadion von Helsinki fehlte die saarländische Flagge, später tauchte sie plötzlich wieder auf – ein Rätsel, das niemals gelöst wurde. Nach der Olympiade begann der Spitzenturner seine Tätigkeit als Sportlehrer in der bergmännischen Berufsschule der Grube Camphausen. Das Seniorenheim, in dem er heute lebt, befindet sich direkt neben dem Saarländischen Bergbaumuseum Bexbach – wie passend.

Aus einer Quierschieder Bergmannsfamilie stammt der zweifache Olympiasieger von Rom und Europameister **Armin Hary** (86). Der Ausnahmesprinter wuchs in ärmlichen Verhältnissen auf. Sein strenger Vater war Bergmann, seine Eltern unterstützten seine sportlichen Aktivitäten zunächst nicht. Das Elternhaus in der Rosenstraße befand sich aber direkt neben dem Sportplatz. Hary kam erst mit 16 Jahren zur Leichtathletik. Er trainierte oft im Holzer Wald, was den Spaziergängern zu jener Zeit seltsam vorkam. Sein erster Weltrekord in Friedrichshafen 1958 mit handgestoppten 10,0 Sekunden wurde

Olympionike Heinz Ostheimer.

Autogrammkarte von Weltrekordler Armin Hary.

wegen des Gefälles der Bahn nicht anerkannt. 1960 lief er in Zürich die 100 Meter auf Asche in der elektronisch gestoppten Weltrekordzeit von 10,25 Sekunden. Für die Förderung jugendlicher Sporttalente aus sozial schwachem Umfeld erhielt Hary 2008 das Bundesverdienstkreuz am Bande. 2011 wurde er in die „Hall of Fame des deutschen Sports" aufgenommen. Deutschland zeichnete ihn als „Läufer des Jahrhunderts" aus, das Saarland als „Sportler des Jahrhunderts".

Zum Team der legendären saarländischen Fußballnationalmannschaft, die am 28. März 1954 im Saarbrücker Ludwigspark vor 53.000 Zuschauern zur Qualifikation für die WM in Bern gegen Deutschland antrat, gehörten auch zwei Bergleute: Stürmer **Jakob „Jockel" Balzert** (1918–1997, Köllerbach) neben Torhüter **Erwin Strempel** (1924–1999, Blieskastel), beide beschäftigt bei der Régie des Mines de la Sarre, der späteren Saarbergwerke AG. Das Match der eigenständigen Saarländer unter Aufsicht des französischen Hochkommissars war von großer politischer Brisanz. Nationalflaggen im Stadion waren verboten, die Bergkapelle durfte den Steigermarsch nicht spielen. Der spätere Bundestrainer Helmut Schön trainierte die Saarländer, Sepp Herberger die Deutschen. Schöns Team verlor zwar nach gutem Spiel mit 1:3. Die Saarländer waren aber Monate später auf Einladung des DFB beim WM-Finale in Bern dabei und feierten gemeinsam mit den befreundeten Kickern den sensationellen 3:2-Sieg gegen Ungarn.

Gleich vier Eintragungen ins Guinness-Buch der Rekorde gelangen Kraftsportler **Rüdiger Riehm** aus Illingen. Der 23-jährige Bergmechaniker und Telefonist der Grube Camphausen hielt 1989 zudem den Weltrekord im Bankdrücken in der Juniorenklasse bis 90 Kilogramm mit unglaublichen 217,5 Kilogramm. „Eiserne" Disziplin mit täglich zwei Stunden Training und gesunde Ernährung waren sein Erfolgsrezept, wie er im Mitarbeitermagazin „Saarberg" verriet.

Spielszene Deutschland – Saarland mit Torhüter Erwin Strempel 1954.

Rüdiger Riehm.

53 Kaufkraft der Bergleute lange umworben
Der Kumpel als Konsument

Spätestens mit der Industrialisierung und dem prosperierenden preußischen Bergbau rückten die Bergleute als Konsumenten in den Fokus. Kaffeeküchen und Kolonialwarenläden entstanden, Werbung sprach den Kumpel als Zielgruppe direkt an. Der Zuliefersektor begründete eine eigene Industrie.

Die Werbesprüche ähnelten sich: „Kohle, Kumpel, Karlsberg-Bier“, „Nach der Arbeit Becker-Bier“. Die Tageszeitung zielte eher auf Tradition und schrieb zur Zeichnung eines Schleppers mit Kohlelore: „Schon als Urgroßvater seine erste Schicht verfuhr, war die „Saarbrücker Zeitung“ das beliebte Heimatblatt des saarländischen Bergmanns.“ Der Renault 4 CV, das berühmte Crèmeschnittchen, wollte den Bergleuten im Alltag „ein Freund und Kumpel“ sein. Kautabak aus Dilsburg versprach der Arbeiterschaft, „gesundheitsfördernd und durststillend“ zu sein. Oder „Coca-Cola – das erfrischt richtig“. Erste Automaten mit der weltberühmten Brause erweiterten nach Suppen und Kaffee das Angebot in den Zechensälen der Gruben ab 1963. Längst war der Bergmann als Konsument eine umworbene Zielgruppe.

Kein Wunder, die höchste Beschäftigtenzahl erreichte der Saarbergbau schon 1924 mit fast 75.000 Mitarbeiterinnen (damals sehr wenige) und Mitarbeitern. Mit der Zeit des Wiederaufbaus und des Wirtschaftswunders nach dem Zweiten Weltkrieg waren es 1949 über 62.000, 1957 fast 65.000. Der Bergbau im Saarland behauptete danach über Jahrzehnte seine Spitzenposition als größter Arbeitgeber und Auftraggeber des Landes. Noch 1981 lag das Auftrags- und Bestellvolumen der Saarbergwerke mit 770 Millionen Mark bei 67 Prozent der gesamten Saarwirtschaft (1,15 Milliarden Mark). 1982 arbeiteten immer noch 18.000 Mitarbeiter direkt im

Becker-Bier-Werbung von 1963.

Radio-Gewinn von Azubis, 1950er-Jahre.

Werbeanzeige der „Saarbrücker Zeitung".

Bergbau, weitere 25.000 in der angeschlossenen Industrie, dem Handwerk und dem Handel. Auch bei den Auszubildenden setzte der Bergbau Maßstäbe: Jeder zehnte Mitarbeiter war 1981 ein Azubi. Die übrige Industrie brachte es auf gerade einmal 5,3 Prozent. Zwischenzeitlich wurden jährlich über 1.000 Auszubildende eingestellt.

Die Bergleute waren ein echter Wirtschaftsfaktor. Sie verdienten zumeist recht gut und bauten mit Unterstützung der Saarbergwerke ihre Eigenheime, hatten oft Familien mit mehreren Kindern. Nach den harten Kriegsjahren kam der Aufschwung. Das erste größere Radio, der erste Fernseher, das erste Auto. Moderne Küchen und Wohnungseinrichtungen folgten. Der Energieverbrauch stieg und die Kohle war Motor und Multiplikator des Fortschritts. Der Konsum stieg sprunghaft an und die Saarberg-Belegschaft samt Zulieferern hatte im doppelten Sinn Anteil daran.

Viele Söhne und Töchter folgten dem Beispiel des Vaters und bewarben sich um einen Ausbildungsplatz bei Saarberg. Der Slogan „Werde Bergmann an der Saar, dann ist deine Zukunft klar" scheint fast schon bescheiden im Vergleich zur früheren Variante „Werde Bergmann – ein Beruf für ganze Kerle. Arbeit und Brot auf Lebenszeit". Tatsächlich schafften es drei Generationen, ein Arbeitsleben lang im Bergbau tätig zu sein und danach in den Ruhestand verabschiedet zu werden. Mit dem Rückgang des Bergbaus starben leider auch etliche Firmen, die sich in direkter Abhängigkeit davon befanden, wie Brauereien, Metzgereien, Bäckereien, Gastronomiebetriebe oder Brennstofflieferanten. Andere entwickelten zuerst Produkte im Bergbau, behaupteten sich aber auch nach dem Ende 2012 noch auf dem Markt.

Wie eng und gleichzeitig emotional die Verflechtung des Marktes mit dem Bergbau war, zeigte sich, als etliche Saarländer nach Ibbenbüren (Nordrhein-Westfalen) verlegt werden mussten. Fernab von der Heimat schenkten ihnen ein bekannter Fleischwarenhersteller und eine Brauerei pressewirksam den geliebten Lyoner und das Ur-Pils. Den Schwenker hatten die Saarländer natürlich schon eingeführt. Samt Stammtisch. Das Bergmannsfrühstück ist heute noch ein Begriff. Lyoner, Weck und Bier, ehemals war auch noch ein Schnaps dabei. Das gehörte zur Stärkung in der Kaffeeküche nach schwerer Arbeit einfach dazu.

54 So gruben die alten Römer
Antiker Emilianus-Stollen

Der Emilianus-Stollen in St. Barbara gilt als einziges bekanntes Azurit-Bergwerk römischen Ursprungs nördlich der Alpen. Neben dem Stollenmundloch findet sich die einzige in Stein verewigte Bergwerksinschrift des römischen Imperiums. Die geförderte Malerfarbe Wallerfanger Blau erlangte internationalen Ruhm.

Tausende Touristen folgen seit Jahrzehnten dem Hinweis „Römisches Bergwerk" in der Schlossbergstraße von St. Barbara in der Gemeinde Wallerfangen. Sie freuen sich auf eine sachkundige Führung im antiken Emilianus-Stollen. Schon am Stolleneingang verweist die in Stein gehauene Inschrift „Incepta officina Emiliani nonis mart" auf eine Betriebserlaubnis. Übersetzt heißt es nämlich: „Der Bergwerksbetrieb des Emilianus nahm am 7. März seine Arbeit auf." Nach römischem Bergrecht war der Betrieb innerhalb von 25 Tagen aufzunehmen und durfte nicht länger als ein halbes Jahr ruhen. Kaiser Hadrian wird diese Regelung zugeschrieben, sie galt für den gesamten Bergbau in den Provinzen. Üblicherweise wurde das Recht zum Bergwerksbetrieb mit der Occupatio, dem Aufstellen einer Tafel mit Namen des Besitzers und Datum des Abbaubeginns, dokumentiert. Da es sich zumeist um Holztafeln handelte, gingen sie später verloren. Nicht so in unserem Fall. Einen Abguss der Inschrift zeigt auch das Historische Museum Wallerfangen.

Der Emilianus-Stollen ist Teil eines römischen Kupferbergwerks, nur 150 Meter von der Hauptstraße entfernt. Die alten Römer suchten auf allen vieren aber wohl weniger Kupfer als vielmehr Azurit und Malachit zur Herstellung von „Wallerfanger Blau" oder Bergblau, einer gefragten Malerfarbe. Dieses Farbpigment wurde in der Renaissance bis nach Italien gehandelt. Sogar Albrecht Dürer (1471–1528) und seine Zeitgenossen haben mit dem „blauen Gold von Wallerfangen" gemalt. Nachweislich wurde es auch im Papstpalast zu Avignon und im Schloss von Nancy verwendet. Das Bergwerk besteht aus dem 1964–1966 von Reinhard Schindler und H.G. Conrad untersuchten oberen Stollen und dem etwa sieben Meter tiefer gelegenen, 1993–1998 von Gerd Weisgerber untersuchten unteren Stollen. Etwa 130 Meter westlich dieses Bergwerks entdeckte G. Müller 1965 einen weiteren Stollen, der nach dem damaligen Grundstückseigner als „Stollen Bruss" bezeichnet wird. Damals begannen auch die ersten systematischen Ausgrabungen durch das saarländische Konservatoramt. Der Landkreis Saarlouis erkannte schon früh die kulturgeschichtliche Bedeutung des Kupferbergwerks aus dem 2. oder 3. Jahrhundert und beschloss, das frühe industrielle Denkmal des Saarlandes als Besucherbergwerk zugänglich zu machen. Dabei half eine Ausgrabungskampagne am oberen Emilianus-Stollen durch das renommierte Bergbaumuseum Bochum. 1976 sicherte die damalige Saarbergwerke

Blick in den Eingangsbereich des Emilianus-Stollens in St. Barbara (Wallerfangen).

AG zudem den hinteren Stollenbereich durch einen Stahlausbau. Das Besucherbergwerk war entstanden.

1993 folgte dann die Freilegung des für Besucher nicht zugänglichen unteren Emilianus-Stollens. Dieses Mal sicherte die Bergwerksgesellschaft Merchweiler die Grabungsstätte mit modernem Ausbau. Der Zugang diente ausschließlich Forschungszwecken. Dabei entdeckten Archäologen von der Ruhr 2008 in einem engen Förderraum eine 63 Zentimeter lange Schaufel mit hölzernem Stiel und gebrochenem Blatt aus Metall. Der Stollen Bruss ist größer als vermutet. Rund 45 Meter führt er in den Berg, rund 1,40 Meter hoch und 1,30 Meter breit. Zudem tauchte ein weiterer Förderraum von 9 auf 20 Metern auf.

Im Volksmund heißt der Emilianus-Stollen auch Azurbergwerk oder Blauberg. Man erzählt sich, es gehe dort heute noch ein Bergmännlein um. Es sei besonders oft in der Nähe der alten Ruine am Bergabhang gesichtet worden. Dort soll sich einmal ein Schloss befunden haben. In einem Brunnen lägen reiche Schätze. Sage hin oder her: Sicherlich sorgt der römische Stollen auch in Zukunft noch für manche Überraschungen.

55 Pechschwarzer Schmuck als Geschenk
Liebesbeweise aus Kännelkohle

Kohle als Schmuckstück ist immer seltener zu finden, obwohl sie im heutigen Saarland schon unter den Kelten gebräuchlich war. Die Fürstin von Rubenheim trug schwarze Armringe aus schnitzbarer Kännelkohle, abgebaut in Neunkirchen-Heinitz. Verliebte Bergleute verschenkten selbst gemachte Perlenketten aus dem Material.

Der Begriff Kännelkohle leitet sich aus dem Englischen ab. „Candle-coal" heißt Kerzen-Kohle. Da die Kännelkohle sehr hell mit rußender Flamme brennt, wurde sie in England im 19. Jahrhundert als Leuchtmittel in Haushalten eingesetzt. Sie ist mattschwarz oder gräulich, leicht glänzend und hart. Kännelkohle zerbricht nicht wie gewöhnliche Steinkohle, sie lässt sich relativ leicht mit einfachen Werkzeugen schnitzen, schleifen, bohren und polieren. Daher tauchte sie schon sehr früh als Schmuck auf. Kännelkohle geht auf Faulschlamm von Pflanzensporen, Pollen und Algen im Karbon zurück. Sie wird oft mit Gagat, auch Pech- oder Glanzkohle genannt, verwechselt. Gagat ist durch Humusgel imprägniertes fossiles Holz im Übergang von Braun- zur Steinkohle.

Der älteste Schmuck aus Kännelkohle ist ein Ring aus einem steinzeitlichen Kammergrab bei Kirkwall auf den schottischen Orkney-Inseln. Aber auch im Saarland gibt es einen spektakulären Fund. Schmuck aus Kännelkohle lag im Grab der Keltenfürstin von Rubenheim. Diese Grabanlage wird aufgrund weiterer Beigaben auf das 7. oder 6. Jahrhundert vor Christus datiert. Eine Perle mit etwa vier Zentimetern Durchmesser wurde genauer untersucht. Die Kohle stammte aus dem Flöz Tauentzien der ehemaligen Grube Heinitz bei Neunkirchen. Vergleichsproben aus der späteren 4. Sohle der Grube Heinitz bestätigten dies. Auch im Grab der Ursula von Roden aus dem 3. Jahrhundert nach Christus lagen Ringe, die Heinitz zugeschrieben werden.

Diese wichtigste Lagerstätte der Kännelkohle in Deutschland ist mehrfach ausgebeutet worden. Zuerst während der Hallstatt- und Römerzeit. Eine Untersuchung im Risswerk der Königlich Preußischen Grube Heinitz belegte dann, dass

Kännelkohle-Ringe als Grabbeigabe in Rubenheim.

Schnitzarbeit: Bergmann mit Kohlelore und Geleucht.

der Bergbau am Riedberg am Ausgehenden des Flözes Tauentzien aktiv gewesen sein muss. Das spätere Königlich Preußische Steinkohlenbergwerk Heinitz fuhr 1851/1852 einen alten Abbau an, der vor der Gründung der Grube Heinitz umgegangen war, und stellte seine Ausdehnung fest. Es handelte sich dabei um eine Linse von 600 bis 700 Metern Breite, darin eine 15 Zentimeter starke „Kännelbank". Dies könnte der vorgeschichtliche Abbau gewesen sein. Der Abbau reicht allerdings bis zu einer Teufe von mehr als 30 Metern. Er muss also von einer Organisation angelegt worden sein, die technische Probleme bergmännisch lösen konnte. Denn ohne besondere Bewetterung liegt bei etwa zehn Metern die Grenze, an der ein Mensch gerade noch mit ausreichendem Sauerstoffgehalt in der Luft arbeiten kann.

Im gesamten Saarland war die Kännelkohle recht selten. Den Bergleuten war es zudem verboten, Kännelkohle mitzunehmen. Die meisten erkannten sie gar nicht. Geschah es doch, wanderte das eine oder andere Stück natürlich trotzdem in die Hosentasche. Dann kam die „Schnitzkohle" von der Saar in der heimischen Werkstatt zu besonderen Ehren. Sie wurde von kreativen Bergleuten in mühevoller Kleinarbeit stundenlang geformt. Mehr oder weniger kunstvolle Ergebnisse waren Medaillons in Form eines Herzens oder Kreuzes. Perlen entstanden und wurden zu Halsketten und Rosenkränzen aufgereiht oder als Armband gestaltet und der Liebsten geschenkt. Verstarb ein Bergmann, trug seine Frau an Gedenktagen diesen Trauerschmuck. Die Kinder teilten später den Erbschmuck untereinander. Auf diese Weise hielten sie die Erinnerung an den schweren Beruf ihres Vaters wach. Die 1950 gegründete Confiserie Café Schubert in Saarbrücken setzte den Bergleuten ein süßes Denkmal mit der regionalen Pralinenspezialität „Perlen der Saar". Sie ist seit Jahrzehnten ein beliebtes Präsent des Saarbergbaus.

Literaturhinweise

Anfangszeit des Saarbergbaues, Heimat- und Verkehrsverein Steinbach (Hrsg.), Eigendruck der Saarbergwerke AG, Saarbrücken 1995

Bergmannspfade – Die Arbeitswege der Bergleute im Saarrevier, Thomas Fläschner, St. Ingbert 2022

Bergmannsuniformen an der Saar, Karl Heinz Ruth, Saarbrücken 1986

Bergmusik an der Saar, Björn Jakobs, Ensdorf 2019

Bildstock – Festschrift zur Woche des Saarbergmanns, Heimatausschuß (Hrsg.), Bildstock 1951

Der Pferdejunge von Sohle 3, Walter Dach, Reutlingen 1940

Der saarländische Steinkohlenbergbau, Band 1, Delf Slotta, Saarbrücken 2011

Der saarländische Steinkohlenbergbau, Band 2, Karlheinz Pohmer (Hrsg.), Saarbrücken 2012

Der Saarbergbau. Eine Zeitreise in Bildern, Gregor Zewe, Sutton Verlag, Erfurt 2019

Freiheit, Brot, Gerechtigkeit. Die Arbeiterbewegung an der Saar, Hans-Joachim Kühn, Saarbrücken 2007

Franziskaschacht II – zur Erinnerung an seine Errichtung und Betriebnahme, Régie des Mines de la Sarre (Hrsg.), Neunkirchen 1951

Heimatbuch des Kreises Ottweiler, Landrat des Kreises Ottweiler (Hrsg.), Ottweiler 1950

Im Schatten der grauen Berge – ein Bergmannsroman von der Saar, August Schmidt, Saarbrücken 1947

Kaiser Wilhelm I. in Saarbrücken, Gerhild Krebs, Saarbrücken 2002

Merchweiler Heimatblätter, Gemeinde Merchweiler / Heimat- und Verkehrsverein (Hrsg.), Merchweiler 1986

(Saarbrücker) Bergmannskalender der Jahrgänge 1873–2012

Saarkalender, Albert Zühlke (Hrsg.), Saarbrücken 1933

Stein auf Stein, Sonderdruck des Stadtverbandes Saarbrücken zum Rechtsschutzsaal Bildstock, Saarbrücken 1986

Wahrzeichen des Saarbergbaus (Teil 1–36), Delf Slotta und Gregor Zewe, in *Steinkohle* bzw. *Folio* – Mitarbeitermagazin der RAG AG (Hrsg.), Bochum und Wittingen 2001–2005

Werkzeitschriften des Saarbergbaus: *Der Bergmannsfreund, Schacht und Heim, Saarberg, Saarberg-Konzern-Report, Folio, Steinkohle* (RAG AG) etc. 1871–2019

25 Jahre Saarbergwerke Aktiengesellschaft 1957–1982, Saarbergwerke AG (Hrsg.), Eigendruck Saarbrücken 1982

Bildnachweis

Gregor Zewe: S. 13 unten, 15, 19, 21, 27, 29, 45, 53, 65, 83, 87, 89, 95, 107; Heimatbuch des Kreises Ottweiler 1950: S. 68.
Alle anderen RAG-Archiv Saar, Ensdorf, darunter etliche Aufnahmen des bewährten Kooperationspartners der RAG, der Fotoagentur BeckerBredel Fotografen, Saarbrücken.

Vorsatz: „Der junge Bergmann der Saargruben" war ein besonderes Leseangebot der „Régie des Mines de la Sarre" für Jugendliche in der Zeit von 1952 bis 1955.
Nachsatz: Geschafft – Ausfahrende Bergleute mit eingeschalteter Kopfleuchte und Gezähe am Gürtel in den 1990er-Jahren.

Bergleute in der Lampenstube mit Akkus und Kopfleuchten, 2006.

Der Autor
Gregor Zewe

Gregor Zewe ist als Pressereferent und Werkredakteur der RAG im Saarland an zahlreichen Publikationen, Ausstellungen und Veranstaltungen des Steinkohlenbergbaus beteiligt. Nach seinem Abschluss als Magister artium für Neuere deutsche Literatur- und Sprachwissenschaft sowie Politikwissenschaft an der Universität des Saarlandes in Saarbrücken begann 1991 seine Tätigkeit im Bergbau bei der früheren Saarbergwerke AG. Neben Auszeichnungen für besonders gelungene Publikationen zur Arbeitssicherheit erhielt er im Rahmen der Saarländischen Denkmalpflege 2006 den Anerkennungspreis für Journalisten. Er arbeitete zudem an dem PR-Konzept „Bergbau.Unser Erbe“ mit, das die RAG mit der Berliner Agentur A&B One für die Nachbergbau-Ära im Saarland entwickelte. Die multimediale Ausstellung dazu in der ehemaligen Maschinenhalle Duhamel wurde 2018 mit dem Goldenen „German Stevie Award“ im Bereich Reputationsmanagement ausgezeichnet.

Impressum
Sutton Verlag GmbH
Schweickhardtstraße 1
72072 Tübingen
www.suttonverlag.de

ISBN: 978-3-96303-417-6
Druck: Printed in Poland by CGS
Gestaltung und Herstellung: Sutton Verlag
Lektorat: Matthias Kunstmann, Karlsruhe

In diesem Buch wird aus Gründen der besseren Lesbarkeit das generische Maskulinum verwendet. Weibliche und anderweitige Geschlechteridentitäten werden dabei ausdrücklich mitgemeint, soweit es für die Aussage erforderlich ist.